1　みつきさんの小学校には，３年生が276人，４年生が328人います。

〔1問　5点〕

①　あわせると何人になりますか。

式

答え

②　３年生と４年生では，どちらが何人多いですか。

式

答え

2　ゆいさんは，午前10時20分から45分，宿題をしました。終わった時こくは午前何時何分ですか。

〔5点〕

答え

3　たくみさんは $\frac{5}{7}$ L，かいとさんは $\frac{3}{7}$ L，ジュースを飲みました。飲んだジュースは，どちらが何L多いですか。

〔10点〕

式

答え

4　えいたさんは，きのうは1.3km走り，きょうは1.5km走りました。あわせて何km走りましたか。

〔10点〕

式

答え

5　１本45円のえん筆があります。このえん筆を32本買うと，代金は何円になりますか。

〔10点〕

式

答え

JN050583

6 ケーキが42こあります。1つの箱に6こずつ入れるには，箱をいくつ用意すればよいですか。 〔10点〕

式

答え

7 1本245円のペンを，1ダース買うと，代金は何円ですか。 〔10点〕

式

答え

8 ひなさんは，シールを何まいか持っていました。きょう，お姉さんから24まいもらったので，全部で212まいになりました。はじめに持っていたシールを□まいとしてたし算の式に書きましょう。また，□をもとめる式になおして，はじめに持っていたシールのまい数をもとめましょう。 〔15点〕

式

答え

9 子どもが1列に9人ずつ，4列にならんでいます。この子どもが6列に同じ人数ずつならびなおしました。1列には何人がならんでいますか。 〔10点〕

式

答え

10 あめを16こずつ12人に配りました。あめはあと35こあまっています。はじめにあったあめは何こですか。 〔10点〕

式

答え

答えを書き終わったら，見なおしをして，まちがいをなくそう。

とく点

点

1 野球場のきょうの来場者は，大人5473人，子ども3568人でした。

〔1問 7点〕

① あわせると何人になりますか。

式

答え

② 大人と子どもでは，どちらが何人多いですか。

式

答え

2 あんなさんは，家から駅まで歩くと，40分かかります。午前10時20分に駅に着くには，午前何時何分に家を出ればよいですか。 〔7点〕

答え

3 はるとさんの家から学校まで，かた道600mあります。はるとさんは，行きも帰りも歩きました。全部で何km何m歩きましたか。 〔8点〕

式

答え

4 ゆうきさんのクラスは，27人います。遠足の交通ひとして，1人320円ずつ集めました。全部で何円集まりましたか。 〔8点〕

式

答え

5 48本のチューリップを，6本ずつたばにしていきます。何たばつくることができますか。 〔7点〕

式

答え

6 98このあめを1人に3こずつ配ると，何人に配ることができますか。また，何こあまりますか。　　　　　　　　　　　　　　　　　　〔8点〕

式

答え

7 かのんさんは水を朝 $\frac{1}{5}$ L，夜 $\frac{3}{5}$ L 飲みました。全部で何L 飲みましたか。

式　　　　　　　　　　　　　　　　　　　　　　　　　　　　〔8点〕

答え

8 1.4mのリボンのうち，0.8mを使いました。リボンは何mのこっていますか。　　　　　　　　　　　　　　　　　　　　　　　　　　　〔10点〕

式

答え

9 重さ350gの箱に，りんごを2kg850g入れました。全体の重さは何kg何gですか。　　　　　　　　　　　　　　　　　　　　　　　　　　〔10点〕

式

答え

10 赤いリボンは青いリボンより4m長いそうです。また，2本のリボンの長さをあわせると，12mになります。赤いリボンの長さは何mですか。〔10点〕

式

答え

11 25本の木が，18mおきにまっすぐ1列に植えられています。はじめの木から，さいごの木までのきょりは何mですか。　　　　　　　　　　〔10点〕

式

答え

式は正しく書けたかな。しっかり見なおしをしよう。

と く点

点

1 色紙が30まいあります。3人で同じ数ずつ分けると、1人分は何まいになりますか。〔10点〕

式

全部のまい数　　人数　　1人分のまい数
30 ÷ 3 = 10

答え _____

2 色紙が60まいあります。3人で同じ数ずつ分けると、1人分は何まいになりますか。〔10点〕

式 ☐ ÷ ☐ = ☐

答え _____

3 おはじきが60こあります。これを2人で同じ数ずつ分けると、1人分は何こになりますか。〔10点〕

式

答え _____

4 120このいちごを3人で同じ数ずつ分けます。1人分は何こになりますか。〔10点〕

式

答え _____

5 テープが480cmあります。これを6人で同じ長さになるように分けます。1人分の長さは何cmになりますか。〔10点〕

式

答え _____

6 作文用紙が80まいあります。これを1人に4まいずつ分けると，何人に分けられますか。 〔10点〕

式

全部のまい数 ÷ 1人分のまい数 ＝ 人数

答え _____

7 えん筆が90本あります。これを1人に3本ずつ配ると，何人に配ることができますか。 〔10点〕

式

答え _____

8 えん筆が280本あります。これを1人に4本ずつ配ると，何人に配ることができますか。 〔10点〕

式

答え _____

9 みかんが300こあります。これを5こずつふくろに入れると，何ふくろできますか。 〔10点〕

式

答え _____

10 あめが200こあります。これを1人に4こずつ分けると，何人に分けることができますか。 〔10点〕

式

答え _____

わり算を使ってとく問題だね。

とく点 　　　点

1　色紙が33まいあります。3人で同じ数ずつ分けると，1人分は何まいになりますか。〔10点〕

式　

全部のまい数　人数　1人分のまい数

$33 \div 3 =$

答え

2　48このくりを4人で同じ数ずつ分けます。1人分は何こになりますか。〔10点〕

式

答え

3　64まいのおり紙を2人で同じ数ずつ分けます。1人分は何まいになりますか。〔10点〕

式

答え

4　チューリップの球根が60こあります。これを4人で同じ数ずつ分けると，1人分は何こになりますか。〔10点〕

式

答え

5　93本のえん筆を3人で同じ数ずつ分けます。1人分は何本になりますか。〔10点〕

式

答え

6 みかんが70こあります。これを5こずつふくろに入れると，何ふくろできますか。　〔10点〕

式

全部のこ数		1ふくろのこ数		ふくろの数
70	÷	5	=	

答え _____

7 花が全部で96本あります。これを6本ずつのたばにすると，何たばできますか。　〔10点〕

式

答え _____

8 68mのテープから，4mのテープは何本とれますか。　〔10点〕

式

答え _____

9 まさしさんの学校の4年生は95人です。ゲームをするために5人ずつのグループをつくると，グループはいくつできますか。　〔10点〕

式

答え _____

10 ボールが84こあります。1回に4こずつ運ぶと，全部運び終えるには何回運べばよいですか。　〔10点〕

式

答え _____

©くもん出版

問題をよく読んで，式と答えを書こう。

とく点　　　点

1 220まいの色紙があります。これを4人で同じ数ずつ分けます。1人分は何まいになりますか。〔10点〕

式

全部のまい数　　　人　数　　　1人分のまい数
220 ÷ 4 =

答え

2 くりを186こひろいました。6人で同じ数ずつ分けると，1人分は何こになりますか。〔10点〕

式

答え

3 みかんが145こあります。これを5つのふくろに同じ数ずつ分けると，1ふくろは何こになりますか。〔10点〕

式

答え

4 228まいの画用紙があります。これを3つのクラスに同じ数ずつ分けます。1クラス分は何まいになりますか。〔10点〕

式

答え

5 140cmのロープを同じ長さに4つに分けます。1つ分の長さは何cmになりますか。〔10点〕

式

答え

6　同じねだんの消しゴムを6こ買ったら，代金は330円でした。この消しゴム1このねだんは何円ですか。　〔10点〕

式

消しゴムの代金		こ　数		1このねだん
330	÷	6	＝	

答え

7　工作用紙を3まい買ったら，代金は126円でした。この工作用紙1まいのねだんは何円ですか。　〔10点〕

式

答え

8　えん筆を6本買ったら，代金は210円でした。このえん筆1本のねだんは何円ですか。　〔10点〕

式

答え

9　おかしを5ふくろ買ったら，代金は525円でした。このおかし1ふくろのねだんは何円ですか。　〔10点〕

式

答え

10　りんごを4こ買ったら，代金は496円でした。このりんご1このねだんは何円ですか。　〔10点〕

式

答え

問題をよく読んで，正しい式を書こう。

とく点　　　点

1　30mのテープから，4mのテープは何本とれますか。また，何mあまりますか。　〔10点〕

式
| 全体の長さ | | 1本の長さ | | 本　数 | | | あまりの長さ |
| 30 | ÷ | 4 | = | | あまり | | |

答え　□ 本とれて，□ mあまる。

2　65mのテープから，4mのテープは何本とれますか。また，何mあまりますか。　〔10点〕

式　□ ÷ □ = □ あまり □

答え

3　みかんが67こあります。これを5こずつふくろに入れると，何ふくろできますか。また，みかんは何こあまりますか。　〔10点〕

式
| みかんの数 | | 1ふくろのこ数 | | ふくろの数 | | | あまりのこ数 |
| 67 | ÷ | 5 | = | | あまり | | |

答え

4　90このたねを7こずつふくろに入れると，何ふくろできますか。また，たねは何こあまりますか。　〔10点〕

式

答え

5　83本の竹ひごを1人に5本ずつ分けます。何人に分けることができますか。また，何本あまりますか。　〔10点〕

式

答え

6 70まいの画用紙を3人で同じ数ずつ分けます。1人分は何まいになります
か。また，何まいあまりますか。　　　　　　　　　　　　　　　　　〔10点〕

式

全部のまい数		人 数		1人分のまい数			あまりのまい数
70	÷	3	＝		あまり		

答え

7 75まいの工作用紙を7人で同じ数ずつ分けます。1人分は何まいになり
ますか。また，何まいあまりますか。　　　　　　　　　　　　　　　〔10点〕

式

答え

8 シールが80まいあります。これを3人で同じ数ずつ分けます。1人分は
何まいになりますか。また，何まいあまりますか。　　　　　　　　　〔10点〕

式

答え

9 えん筆が140本あります。これを3人で同じ数ずつ分けます。1人分は
何本になりますか。また，何本あまりますか。　　　　　　　　　　　〔10点〕

式

答え

10 りんごが270こあります。これを8つの箱に同じ数ずつ入れるには，1箱
に何こずつ入れればよいですか。また，何こあまりますか。　　　　　〔10点〕

式

答え

あまりのあるわり算だね。まちがえた問題は，
もう一度やりなおしてみよう。

とく点　　点

月　日　名前

1 白いテープが36m，赤いテープが9mあります。白いテープの長さは，赤いテープの長さの何倍ですか。〔10点〕

式

白いテープの長さ		赤いテープの長さ		倍
36	÷	9	=	

答え

2 工作用紙が24まい，画用紙が6まいあります。工作用紙は画用紙の何倍ありますか。〔10点〕

式 ☐ ÷ ☐ = ☐

答え

3 さくらさんはシールを27まい持っています。妹は3まい持っています。さくらさんの持っているシールの数は，妹の持っているシールの数の何倍ですか。〔10点〕

式

答え

4 黄色い花が8本，赤い花が40本あります。赤い花は，黄色い花の何倍ありますか。〔10点〕

式

答え

5 池にこいが7ひき，金魚が42ひきいます。金魚の数は，こいの数の何倍ですか。〔10点〕

式

答え

6 だいちさんは切手を48まい，弟は4まい持っています。だいちさんの持っている切手の数は，弟の持っている切手の数の何倍ですか。　〔10点〕

式

答え

7 ひかりさんはおはじきを8こ持っています。お姉さんは96こ持っています。お姉さんの持っているおはじきの数は，ひかりさんの持っているおはじきの数の何倍ですか。　〔10点〕

式

答え

8 みおさんは，毛糸でひもを65cmあみました。妹は5cmあみました。みおさんのあんだひもの長さは，妹のあんだひもの長さの何倍ですか。　〔10点〕

式

答え

9 水がやかんに42dL，コップに3dL入っています。やかんにはコップの何倍の水が入っていますか。　〔10点〕

式

答え

10 みかんが箱に96こ，ふくろに6こ入っています。箱にはふくろの何倍のみかんが入っていますか。　〔10点〕

式

答え

倍をもとめる問題だよ。問題をよく読んで，式を書こう。

とく点　　　点

わり算 ⑥

8

月　日　名前

1 赤いテープの長さは18mで，白いテープの長さの3倍だそうです。白いテープの長さは何mですか。　〔10点〕

式

答え ＿＿＿＿＿＿＿＿＿＿

2 みかんが24こあります。これは，りんごの数の3倍だそうです。りんごは何こありますか。　〔10点〕

式

答え ＿＿＿＿＿＿＿＿＿＿

3 きょう，りおさんは本を48ページ読みました。これは，きのう読んだページ数の6倍だそうです。りおさんは，きのう本を何ページ読みましたか。　〔10点〕

式

答え ＿＿＿＿＿＿＿＿＿＿

4 物語の本が25さつあります。これは，図かんの数の5倍だそうです。図かんは何さつありますか。　〔10点〕

式

答え ＿＿＿＿＿＿＿＿＿＿

5 画用紙が36まいあります。これは，色紙の数の4倍だそうです。色紙は何まいありますか。　〔10点〕

式

答え ＿＿＿＿＿＿＿＿＿＿

6 さくらさんは色紙を48まい持っています。これは，妹の持っている色紙の4倍だそうです。妹は色紙を何まい持っていますか。 〔10点〕

式

答え

7 どんぐりを，そうまさんは96こひろいました。これは，弟のひろった数の8倍だそうです。弟はどんぐりを何こひろいましたか。 〔10点〕

式

答え

8 ゆうなさんはシールを72まい持っています。これは，ひろとさんの持っているシールのまい数の6倍だそうです。ひろとさんはシールを何まい持っていますか。 〔10点〕

式

答え

9 学校の池にはめだかが108ひきいます。これは，みなとさんの組の水そうにいるめだかの数の4倍だそうです。みなとさんの組の水そうにいるめだかは何びきですか。 〔10点〕

式

答え

10 ライオンの親子がいます。親のライオンの体重は140kgで，子どものライオンの体重の5倍だそうです。子どものライオンの体重は何kgですか。 〔10点〕

式

答え

まちがえた問題は，もう一度やりなおしておこう。

とく点　　点

1 色紙が16まいあります。これを1人に2まいずつ分けると，何人に分けられますか。〔10点〕

式 全部のまい数 16 ÷ 1人分のまい数 2 = 人数 8

答え

2 色紙が60まいあります。これを1人に20まいずつ分けると，何人に分けられますか。〔10点〕

式 全部のまい数 60 ÷ 1人分のまい数 20 = 人数

答え

3 おはじきが80こあります。これを1人に20こずつ分けると，何人に分けられますか。〔10点〕

式

答え

4 1こ40円の消しゴムがあります。120円では消しゴムを何こ買うことができますか。〔10点〕

式 持っているお金 120 ÷ 消しゴムのねだん = 消しゴムの数

答え

5 1本80円のえん筆があります。240円ではえん筆を何本買うことができますか。〔10点〕

式

答え

6 色紙が16まいあります。これを2人で同じ数ずつ分けます。1人何まいになりますか。 〔10点〕

式

全部のまい数		人数		1人分のまい数
16	÷	2	=	8

答え ＿＿＿＿＿＿＿＿＿＿

7 色紙が60まいあります。これを20人で同じ数ずつ分けます。1人何まいになりますか。 〔10点〕

式

全部のまい数		人数		1人分のまい数
60	÷	20	=	

答え ＿＿＿＿＿＿＿＿＿＿

8 おはじきが80こあります。これを20人で同じ数ずつ分けます。1人何こになりますか。 〔10点〕

式

答え ＿＿＿＿＿＿＿＿＿＿

9 子どもが30人います。えん筆120本を同じ数ずつ分けます。1人何本ずつになりますか。 〔10点〕

式

全部の本数		人数		1人分の本数
120	÷		=	

答え ＿＿＿＿＿＿＿＿＿＿

10 びんが80本あります。油240Lをどのびんにも同じ量ずつ分けて入れます。びん1本に油を何Lずつ入れればよいですか。 〔10点〕

式

答え ＿＿＿＿＿＿＿＿＿＿

©くもん出版

何十でわるわり算だよ。まちがえた問題は、やりなおしてみよう。

とく点　　　点

1 画用紙が62まいあります。これを20まいずつのたばにすると，何たばできて，何まいあまりますか。 〔10点〕

式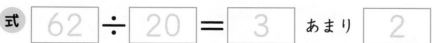

答え ☐ たばできて，☐ まいあまる。

2 えん筆が68本あります。1人に24本ずつ分けると，何人に分けられて，何本あまりますか。 〔10点〕

式 ☐ ÷ ☐ = ☐ あまり ☐

答え ☐ 人に分けられて，☐ 本あまる。

3 りんごが98こあります。1箱に12こずつ入れます。何箱できて，何こあまりますか。 〔10点〕

式

答え

4 工作用紙が126まいあります。28人で同じ数ずつ分けると，1人分は何まいずつになって，何まいあまりますか。 〔10点〕

式

答え

5 おはじきが240こあります。これを36人で同じ数ずつ分けると，1人分は何こずつになって，何こあまりますか。 〔10点〕

式

答え

6 お金が200円あります。１まい15円の画用紙は何まい買えて，何円あまりますか。 〔10点〕

式

答え _____

7 374このいちごを，１箱に25こずつ入れます。25こ入りの箱は何箱できて，いちごは何こあまりますか。 〔10点〕

式

答え _____

8 えん筆が256本あります。１箱に12本ずつ入れると，何箱できて，何本あまりますか。 〔10点〕

式

答え _____

9 きくの花が147本あります。これを13の花びんに同じ数ずつ分けて入れます。１つの花びんにきくの花を何本ずつ入れればよいですか。また，きくの花は何本あまりますか。 〔10点〕

式

答え _____

10 大きな荷物が196こあります。これを16台のトラックで同じ数ずつ運びます。１台のトラックで，何この荷物を運べばよいですか。また，荷物は何このこりますか。 〔10点〕

式

答え _____

２けたの数でわるわり算だよ。まちがえた問題は，もう一度やりなおしてみよう。

とく点　　点

20

わり算 ⑨

月　日　名前

1 お金が80円あります。1まい12円の画用紙は何まい買えますか。〔10点〕

式　80 ÷ 12 = 6　あまり　8

答え　6まい

2 65このいちごを1箱に25こずつ入れます。25こ入りの箱は何箱できますか。〔10点〕

式　□ ÷ □ = □　あまり　□

答え

3 長さ260cmのテープから，長さ50cmのテープは何本とれますか。〔10点〕

式

答え

4 ばらの花が190本あります。15本ずつ1たばにすると，何たばできますか。〔10点〕

式

答え

5 たまごが285こあります。1箱に20こずつ入れると，20こ入りの箱は何箱できますか。〔10点〕

式

答え

6　画用紙１まいから，カードを30まいつくることができます。90まいの
カードをつくるには，画用紙は何まいあればよいですか。　　　　〔10点〕

式

答え _____

7　画用紙１まいから，カードを30まいつくることができます。96まいの
カードをつくるには，画用紙は何まいあればよいですか。　　　　〔10点〕

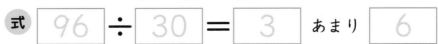

式 | 96 | ÷ | 30 | ＝ | 3 | あまり | 6 |

答え　4 まい

8　4年生125人が4人がけのいすにこしかけます。みんながすわるには，い
すは全部で何きゃくあればよいですか。　　　　〔10点〕

式

答え _____

9　セメントが240ぷくろあります。１台のトラックで，１回に35ふくろず
つ運びます。全部のセメントを運ぶには，何回運べばよいですか。　〔10点〕

式

答え _____

10　大きな水そうに，水が660L入っています。この水を13L入るバケツで
くみ出すと，何回で全部の水をくみ出すことができますか。　　　〔10点〕

式

答え _____

問題をよく読んで答えよう。

とく点　　点

12 がい数の計算 ①

始め ≫　時　　分
≫ 終わり
時　　分

むずかしさ
★★

1 あるサッカー場に入ったかん客の数は，きのうが24078人，きょうが26279人でした。2日間の入場者数の合計は，およそ何万人ですか。〔10点〕

式

24078のがい数　26279のがい数

$20000 + 30000 = 50000$

一万の位までの
がい数にして
から計算するよ。

答え　およそ50000人

2 ある野球場に入ったかん客の数は，きのうが32158人，きょうが28564人でした。2日間の入場者数の合計は，およそ何万人ですか。〔10点〕

式

32158のがい数　　28564のがい数

◻ ＋ ◻ ＝ ◻

答え

3 A市の人口は126753人，B市の人口は114397人だそうです。2つの市の人口の合計は，およそ何万人ですか。〔10点〕

式

答え

4 37800円のそうじきと56000円のテレビを買おうと思います。全部でおよそ何万円になりますか。〔10点〕

式

答え

5 みさきさんは1250円のぼうしと2860円のスカートを買いました。代金は全部でおよそ何千円になりますか。〔10点〕

式

答え

©くもん出版

6 あるサッカー場に入ったかん客の数は，きのうが32407人，きょうが27506人でした。2日間の入場者数のちがいは，およそ何千人ですか。 〔10点〕

式

32407のがい数		27506のがい数		
32000	−	28000	=	

答え

7 ある野球場に入ったかん客の数は，きのうが20158人，きょうが28564人でした。2日間の入場者数のちがいは，およそ何万人ですか。 〔10点〕

式

28564のがい数		20158のがい数		
	−		=	

答え

8 A市の人口は126753人，B市の人口は114397人だそうです。2つの市の人口のちがいは，およそ何万人ですか。 〔10点〕

式

答え

9 37800円のそうじきと56000円のテレビを買おうと思います。そうじきとテレビのねだんのちがいは，およそ何万円ですか。 〔10点〕

式

答え

10 あるおもちゃ工場で，先週はおもちゃを3458こ，今週は2328こつくりました。先週と今週につくったおもちゃの数のちがいは，およそ何千こですか。 〔10点〕

式

答え

がい数のたし算とひき算の問題だよ。まちがえた問題は，もう一度やりなおしてみよう。

とく点　　点

がい数の計算　②

始め ≫
時　分
≫ 終わり
時　分

むずかしさ
★★

1　ゆうまさんは，1しゅう780mの池のまわりを，これまでに48しゅう走りました。およそ何m走ったことになりますか。上から1けたのがい数にして，積を見つもりましょう。　〔10点〕

式

780のがい数　48のがい数
800 × 50 ＝

答え

2　1こ87kgの荷物が375こあります。この荷物は全部でおよそ何kgありますか。上から1けたのがい数にして，積を見つもりましょう。　〔10点〕

式

87のがい数　375のがい数
□ × □ ＝

答え

3　長いひもを切って1本が190cmのひもを490本つくろうと思います。長いひもはおよそ何mあればよいですか。上から1けたのがい数にして，積を見つもりましょう。　〔10点〕

式

答え

4　あるスーパーで，1こ420円のかんづめが269こ売れました。売り上げは，全部でおよそ何円になりましたか。上から1けたのがい数にして，積を見つもりましょう。　〔10点〕

式

答え

5　1さつ318gのノートが384さつあります。ノート全部の重さは，およそ何kgになりますか。上から1けたのがい数にして，積を見つもりましょう。　〔10点〕

式

答え

6 本を買う予算が42500円あります。1さつ820円の本を買うとすると，およそ何さつ買うことができますか。上から1けたのがい数にして，商を見つもりましょう。　〔10点〕

式

$$\underset{\text{42500のがい数}}{40000} \div \underset{\text{820のがい数}}{800} = \boxed{}$$

答え

7 くりが全部で6kg750gとれました。480gずつふくろに入れるとすると，およそ何ふくろ用意すればよいですか。上から1けたのがい数にして，商を見つもりましょう。　〔10点〕

式

$$\underset{\text{6750のがい数}}{\boxed{}} \div \underset{\text{480のがい数}}{\boxed{}} = \boxed{}$$

答え

8 3810m²の畑があります。この畑を1分間に42m²ずつたがやすとすると，およそ何時間何分で全部をたがやすことができますか。上から1けたのがい数にして，商を見つもりましょう。　〔10点〕

式

答え

9 たこ糸が61m50cmあります。このたこ糸を切って1本が2m80cmのひもをたくさんつくりたいと思います。2m80cmのひもは，およそ何本できますか。上から1けたのがい数にして，商を見つもりましょう。　〔10点〕

式

答え

10 マラソンで走るきょりは42195mです。1しゅう810mの池のまわりを使って，マラソンのきょりと同じくらい走るには，およそ何しゅう走ればよいですか。上から1けたのがい数にして，商を見つもりましょう。　〔10点〕

式

答え

がい数の計算だよ。四捨五入するときにまちがえないようにしよう。

とく点　　点

1 　お母さんからえん筆を1ダースもらいました。このえん筆を，ひかりさんは妹と2人で分けることにしました。　〔1問　7点〕

① 　下の表のあいているところに，あう数を書きましょう。

ひかりさんの数（□本）	1	2	3	
妹の数（○本）	11	10		

② 　ひかりさんと妹の本数の和は，いつも何本になっていますか。

答え _____

③ 　ひかりさんのえん筆の本数を□本，妹のえん筆の本数を○本として，□と○の関係を式に書きましょう。

式　$\square + \bigcirc = 12$

④ 　③の式で，□にあう数が5のとき，○にあう数はいくつですか。

答え _____

⑤ 　③の式で，○にあう数が3のとき，□にあう数はいくつですか。

答え _____

2 　1日は24時間です。次の問題に答えましょう。　〔1問　7点〕

① 　1日の昼の長さを□時間，夜の長さを○時間として，□と○の関係を式に書きましょう。

式
_____

② 　□にあう数が13のとき，○にあう数はいくつですか。

答え _____

③ 　○にあう数が12のとき，□にあう数はいくつですか。

答え _____

③ りくとさんとおじいさんは，たんじょう日が同じで，おじいさんが50才
年上です。　　　　　　　　　　　　　　　　　　　　　　　〔1問　6点〕

① 下の表のあいているところに，あう数を書きましょう。

りくとさんの年れい（才）	8	9	10	
おじいさんの年れい（才）	58	59		

② りくとさんの年れいを□才，おじいさんの年れいを○才として，おじい
さんの年れいをもとめる式を書きましょう。

式　　　　□　＋　　　　＝　○

③ □にあう数が20のとき，○にあう数はいくつですか。

答え

④ ○にあう数が65のとき，□にあう数はいくつですか。

答え

④ 下の表は，水そうに水を入れていったときの，水の量と全体の重さを表し
たものです。

水の量（L）	1	2	3	4	5	6
重　さ（kg）	1.8	2.8	3.8	4.8	5.8	6.8

① 水の量を□L，全体の重さを○kgとして，全体の重さをもとめる式を
書きましょう。　　　　　　　　　　　　　　　　　　　　　　　〔6点〕

式

② 水を3.7L入れたとき，全体の重さは何kgになりますか。　　　　〔7点〕

答え

③ 水が入っていないときの，水そうの重さは何kgになりますか。　〔7点〕

答え

©くもん出版

数のかわりに，○や□を使って，正しく式を書けたかな。　とく点　　　点

1 20円切手のまい数と代金について調べます。　〔1問　7点〕

① 下の表のあいているところに，あう数を書きましょう。

切手のまい数 (□まい)	1	2	3	
代　金 (○円)	20	40		

② 切手のまい数を□まい，そのときの代金を○円として，代金をもとめる式を書きましょう。

式　　　　× □ ＝ ○

③ □にあう数が7のとき，○にあう数はいくつですか。

答え

④ ○にあう数が240のとき，□にあう数はいくつですか。

答え

2 1さつ150円のノートのさっ数と代金について調べます。　〔1問　7点〕

① ノートを□さつ買ったときの代金○円をもとめる式を書きましょう。

式

② □にあう数が8のとき，○にあう数はいくつですか。

答え

③ ○にあう数が750のとき，□にあう数はいくつですか。

答え

③ ジュースが25dLあります。これをコップとびんに分けて入れます。

① コップに入れるジュースの量を□dL，びんに入れるジュースの量を○dLとして，□と○の関係を式に書きましょう。 〔9点〕

式

_____

② □にあう数が8のとき，○にあう数はいくつですか。 〔8点〕

答え _____

④ 下の表は，コップに水を入れていったときの，水の量と全体の重さを表したものです。

水の量(mL)	50	100	150	200	250	300
重さ(g)	95	145	195	245	295	345

① 水の量を□mL，全体の重さを○gとして，全体の重さをもとめる式を書きましょう。 〔9点〕

式

_____

② 水が入っていないときのコップの重さは何gですか。 〔8点〕

答え _____

⑤ 1本130gの牛にゅうの本数と，全体の重さについて調べます。

① 牛にゅうの本数を□本，全体の重さを○gとして，全体の重さをもとめる式を書きましょう。 〔9点〕

式

_____

② ○にあう数字が1690のとき，□にあう数はいくつですか。 〔8点〕

答え _____

©くもん出版

答えを書き終わったら，見なおしをして，まちがいをなくそう。 とく点 ［　　］点

1 まわりの長さが14cmの長方形あ，い，う，え，おの，横の長さとたての長さを調べています。

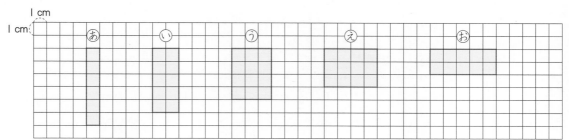

① 下の表のあいているところに，あう数を書きましょう。〔10点〕

	あ	い	う	え	お
横の長さ（□cm）	1	2	3	4	
たての長さ（○cm）	6	5			

② 横の長さが1cmずつふえると，たての長さはどのようにかわりますか。〔7点〕

答え 　　　cmずつへる。

③ 長方形の横の長さとたての長さの和は，いつも何cmになっていますか。〔7点〕

答え

④ 横の長さを□cm，たての長さを○cmとして，横の長さとたての長さの関係を式に書きましょう。〔8点〕

式 □＋○＝7

⑤ ④の式で，□にあう数が6のとき，○にあう数はいくつですか。〔7点〕

答え

⑥ ④の式で，○にあう数が3のとき，□にあう数はいくつですか。〔7点〕

答え

2 １辺が１cmの正三角形を，下の図のように横につないでいきます。

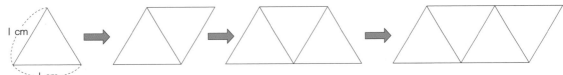

① 下の表のあいているところに，あう数を書きましょう。 〔10点〕

正三角形の数（□こ）	1	2	3	
まわりの長さ（○cm）	3	4		

② 正三角形の数が１つふえると，まわりの長さは何cmふえますか。〔8点〕

答え

③ まわりの長さを表す数は，正三角形の数よりいくつ多いですか。〔8点〕

答え

④ 正三角形の数を□こ，まわりの長さを○cmとして，まわりの長さをもとめる式を書きましょう。 〔8点〕

式 □＋ ＝○

3 １辺が１cmの正方形を，下の図のように横につないでいきます。

〔1問 10点〕

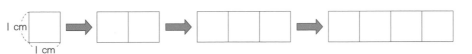

① 下の表のあいているところに，あう数を書きましょう。

正方形の数（□こ）	1	2	3	4	5
たてと横の長さの和（○cm）	2	3			

② 正方形の数を□こ，たてと横の長さの和を○cmとして，たてと横の長さの和をもとめる式を書きましょう。

式 □＋ ＝○

©くもん出版

まちがえた問題は，もう一度やりなおしてみよう。

とく点

点

月　　日　名前

1 　1辺が1cmの正三角形を，下の図のようにならべていきます。このときできるいちばん外がわの正三角形の1辺の長さと，まわりの長さについて調べます。

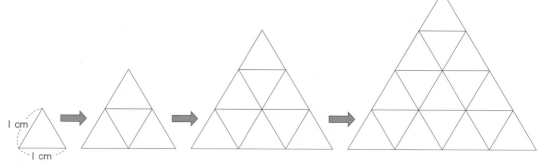

① 　下の表のあいているところに，あう数を書きましょう。　〔10点〕

1辺の長さ（□cm）	1	2	3		
まわりの長さ（○cm）	3	6			

② 　正三角形のまわりの長さを表す数は，1辺の長さの数の何倍になっていますか。　〔10点〕

答え

③ 　1辺の長さを□cm，まわりの長さを○cmとして，まわりの長さをもとめる式を書きましょう。　〔10点〕

式　　□ × 　　＝ ○

④ 　③の式で，□にあう数が8のとき，○にあう数はいくつですか。　〔8点〕

答え

⑤ 　③の式で，○にあう数が18のとき，□にあう数はいくつですか。　〔8点〕

答え

2 １辺が１cmの正方形を，下の図のようにならべていきます。

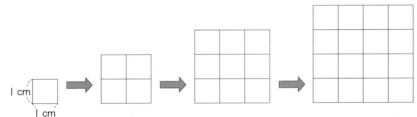

①　ならべてできるいちばん外がわの正方形の１辺の長さを□cm，まわりの長さを○cmとして，まわりの長さをもとめる式を書きましょう。〔10点〕

式　□ × ＝ ○

②　□にあう数が８のとき，○にあう数はいくつですか。〔8点〕

答え

③　○にあう数が24のとき，□にあう数はいくつですか。〔8点〕

答え

3 １辺が１cmの正方形を，下の図のようにならべていきます。

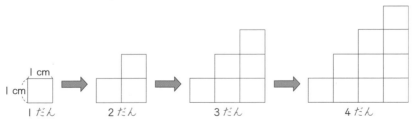

１だん　　２だん　　３だん　　４だん

①　下の表のあいているところに，あう数を書きましょう。〔10点〕

だんの数（□だん）	１	２		
まわりの長さ（○cm）				

②　だんの数を□だん，まわりの長さを○cmとして，まわりの長さをもとめる式を書きましょう。〔10点〕

式

③　□にあう数が７のとき，○にあう数はいくつですか。〔8点〕

答え

まちがえた問題は，もう一度やりなおしてみよう。

とく点　　点

1 10cmのÅのゴムをのばすと30cmまでのびました。同じように，20cmの Bのゴムをのばすと40cmまでのびました。次の問題に答えましょう。

〔1問 10点〕

① Aのゴムの，のばした後の長さは，のばす前の長さの何倍ですか。

式

のばした後の長さ		のばす前の長さ		倍
	÷		=	

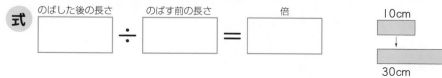

答え

② Bのゴムの，のばした後の長さは，のばす前の長さの何倍ですか。

式

のばした後の長さ		のばす前の長さ		倍
	÷		=	

答え

③ どちらのゴムがよくのびるといえますか。

答え

2 先月140円だったキャベツが，今月280円にね上がりしました。また，先月70円だったホウレンソウが，今月210円にね上がりしました。どちらのほうが大きくね上がりしたといえますか。それぞれの割合をもとめてくらべましょう。

〔15点〕

式 （キャベツ）

（ホウレンソウ）

答え

3 5cmのA（エー）のゴムをのばすと20cmまでのびました。同じように，15cmのB（ビー）のゴムをのばすと30cmまでのびました。どちらのゴムがよくのびるといえますか。それぞれの割合をもとめてくらべましょう。　〔15点〕

式 （Aのゴム）

（Bのゴム）

答え _____

4 ほけん室にあった30cmのほうたいをのばすと60cmまでのびました。同じように，家にあった10cmのほうたいをのばすと40cmまでのびました。どちらのほうたいがよくのびるといえますか。それぞれの割合をもとめてくらべましょう。　〔20点〕

式 （ほけん室にあったほうたい）

（家にあったほうたい）

答え _____

5 ある店では，先月90円だったりんごが，今月は180円にね上がりしました。また，先月45円だったトマトが，今月は135円にね上がりしました。どちらのほうが大きくね上がりしたといえますか。それぞれの割合をもとめてくらべましょう。　〔20点〕

式 （りんご）

（トマト）

答え _____

倍を使ってくらべるよ。まちがえた問題は，もう一度やりなおしてみよう。

とく点　　　点

1　0.3kgの入れ物に，さとうを1.2kg入れました。全体の重さは，何kgになりますか。　〔10点〕

式　[　　　] ＋ [　　　] = [　　　]

答え _____

2　しおりさんのかばんの重さは1.5kgです。お父さんのかばんは，しおりさんのかばんより0.4kg重いそうです。お父さんのかばんの重さは何kgですか。　〔10点〕

式　1.5＋0.4＝

答え

3　走りはばとびで，かいとさんは2.6mとび，ももかさんは，かいとさんより0.2m遠くとんだそうです。ももかさんは何mとびましたか。　〔10点〕

式

答え _____

4　くりひろいに行き，あかりさんは，くりを1.6kgひろいました。たくみさんは，あかりさんより0.7kg多くひろいました。たくみさんは，くりを何kgひろいましたか。　〔10点〕

式

答え _____

5　りょう理で，さとうを0.3kg使ったので，のこりが1.8kgになりました。はじめにさとうは何kgありましたか。　〔10点〕

式

答え _____

6 0.51kgの入れ物に，しおを1.32kg入れました。全体の重さは，何kgになりますか。 〔10点〕

式 $0.51 + 1.32 = 1.83$

答え

7 そうたさんの体重は28.52kgです。お父さんは，そうたさんより31.46kg重いそうです。お父さんの体重は何kgですか。 〔10点〕

式

答え

8 水とうに水が2.65L入っています。やかんの水は，水とうの水より0.24L多いそうです。やかんに水は何L入っていますか。 〔10点〕

式

答え

9 工作で，ゆいさんは，ひもを2.32m使いました。まさしさんは，ゆいさんより0.85m長く使いました。まさしさんは，ひもを何m使いましたか。 〔10点〕

式

答え

10 りょう理で，しおを0.25kg使ったので，のこりが1.45kgになりました。はじめにしおは何kgありましたか。 〔10点〕

式

答え

小数のたし算だね。小数点の位置をまちがえないように計算しよう。

とく点　　点

1 　重さ600gのバケツに，水を1.5kg入れました。全体の重さは何kgになりましたか。　　　　　　　　　　　　　　　　　　　　　　　〔10点〕

式　　600g＝0.6kg
　　　0.6＋1.5＝

答え

2 　1.5mよりも80cm長いひもは，何mですか。　　　　　　　　　〔10点〕

式

答え

3 　小さいかんには水が2.5L入ります。それより少し大きいかんには，小さいかんよりも7dL多く入ります。大きいかんには，水が何L入りますか。

〔10点〕

式

答え

4 　赤いテープが2.6mあります。白いテープは赤いテープより70cm長いそうです。白いテープは何mですか。　　　　　　　　　　　　　　　〔10点〕

式

答え

5 　あいりさんの荷物は2.8kgあります。こはるさんの荷物は，あいりさんの荷物より700g重いそうです。こはるさんの荷物は何kgですか。　　〔10点〕

式

答え

© くもん出版
39

6 重さ650gの入れ物に，みかんを3.5kg入れました。全体の重さは何kgになりましたか。 〔10点〕

式　650g＝0.65kg

0.65＋3.5＝

答え

7 5.45mよりも80cm長いロープは，何mですか。 〔10点〕

式

答え

8 小さいかんには水が2.67L入ります。大きいかんには，小さいかんよりも6dL多く入ります。大きいかんには，水が何L入りますか。 〔10点〕

式

答え

9 工作で，はるとさんは，ひもを2.85m使いました。ゆうきさんは，はるとさんより9cm長く使いました。ゆうきさんはひもを何m使いましたか。 〔10点〕

式

答え

10 さくらさんの荷物は2.8kgあります。あやとさんの荷物は，さくらさんの荷物より450g重いそうです。あやとさんの荷物は何kgですか。 〔10点〕

式

答え

小数のたし算だね。小数点の位置をまちがえないように計算しよう。

とく点　　点

40

始め ≫　時　　分
≫ 終わり　時　　分

むずかしさ
★★

月　日　名前

1 しょう油が1.5Lありました。きょう，りょう理で0.3L使いました。しょう油は，何Lのこっていますか。 〔10点〕

式 □ ― □ = □

答え _____

2 かほさんは，2.6mのテープのうち，1.4mを使いました。テープは何mのこっていますか。 〔10点〕

式 2.6－1.4＝

答え _____

3 米が1.8kgありました。そのうち，1.5kg使いました。米は何kgのこっていますか。 〔10点〕

式

答え _____

4 走りはばとびで，そうまさんは3.2m，ひろとさんは2.8mとびました。とんだ長さのちがいは何mですか。 〔10点〕

式

答え _____

5 さとうが1.2kgありました。そのうち，りょう理で0.4kg使いました。さとうは何kgのこっていますか。 〔10点〕

式

答え _____

6 ジュースが1.57Lありました。きょう，0.23L飲みました。ジュースは，何Lのこっていますか。 〔10点〕

式　$1.57-0.23=1.34$

答え

7 はなさんは，2.65mのはり金のうち，1.42mを使いました。はり金は何mのこっていますか。 〔10点〕

式

答え

8 さとうが4.65kgありました。そのうち，1.7kg使いました。さとうは何kgのこっていますか。 〔10点〕

式

答え

9 走りはばとびで，はるとさんは3.18m，たいせいさんは3.62mとびました。とんだ長さのちがいは何mですか。 〔10点〕

式

答え

10 リボンが1.25mありました。そのうち，0.4m使いました。リボンは何mのこっていますか。 〔10点〕

式

答え

小数のひき算だね。小数点の位置をまちがえないように計算しよう。

とく点　　点

月　日　名前

1 みかん1ふくろは，りんご1こより0.7kg重く，ちょうど，1kgあります。りんご1この重さは何kgですか。 〔10点〕

式

答え

2 さきさんは，お姉さんとリボンを分けました。お姉さんのリボンは，さきさんより0.3m長くて，2.3mでした。さきさんのリボンは何mですか。

式 〔10点〕

答え

3 さとうが2.1kgありました。りょう理で200g使いました。さとうは，何kgのこっていますか。 〔10点〕

式 $200g = 0.2kg$
$2.1 - 0.2 =$

答え

4 りんごジュースが2Lあります。オレンジジュースはそれより8dL少ないそうです。オレンジジュースは何Lありますか。 〔10点〕

式

答え

5 赤いテープは白いテープより60cm長くて，2.3mあります。白いテープの長さは何mですか。 〔10点〕

式

答え

6 あさひさんの体重は，そうたさんより3.51kg重く，41kgです。そうたさんの体重は何kgですか。 〔10点〕

式

答え

7 かのんさんは，つむぎさんとリボンを分けました。つむぎさんのリボンは，かのんさんより0.3m長くて，2.35mでした。かのんさんのリボンは何mですか。 〔10点〕

式

答え

8 しおが2.1kgありました。りょう理で250g使いました。しおは，何kgのこっていますか。 〔10点〕

式 250g＝0.25kg

2.1－0.25＝

答え

9 9月に体重をはかったら，4月よりも550gふえていて，39.27kgでした。4月の体重は何kgでしたか。 〔10点〕

式

答え

10 たくみさんの体重は，ゆうきさんの体重よりも630g重く，32.5kgです。ゆうきさんの体重は何kgですか。 〔10点〕

式

答え

©くもん出版

小数のひき算だね。小数点の位置をまちがえないように計算しよう。

とく点　　点

44

名前

1 ジュースを 1 人0.2 L ずつ飲みます。 3 人分では, 何 L いりますか。 〔10点〕

式

1人分の量		人　数		全部の量
0.2	×	3	=	0.6

答え

2 テープを 1 人に0.3mずつ配ります。 5 人に配るには, 全部で何mあれば
よいですか。 〔10点〕

式

1人分の長さ		人　数		全部の長さ
0.3	×		=	

答え

3 1 さつ0.7kgの本が 4 さつあります。全部の重さは何kgですか。 〔10点〕

式

答え

4 1 本に1.8 L の水が入ったびんが 4 本あります。水は全部で何 L あります
か。 〔10点〕

式

答え

5 7 つの箱に, それぞれ2.5kgずつぶどうが入っています。ぶどうの重さは全部
で何kgですか。 〔10点〕

式

1箱分の重さ		箱の数		全部の重さ
	×		=	

答え

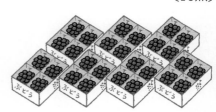

6 子どもが15人います。テープを1人に1.2mずつ配るには，テープは全部で何mあればよいですか。 〔10点〕

式 [ ] × [ ] = [ ]

1.2×15＝18.0としないで18とするよ。

答え _____

7 1本の長さが2.4mのひもを，ちょうど20本切り取るには，何mのひもがあればよいですか。 〔10点〕

式

答え _____

8 1本の重さが1.28kgの鉄のぼうがあります。この鉄のぼう6本の重さは何kgですか。 〔10点〕

式

答え _____

9 1この重さが0.35kgのかんづめがあります。このかんづめ16この重さは何kgですか。 〔10点〕

式

答え _____

10 1kgの海水から，22.6gのしおがとれました。この海水35kgからは，何gのしおがとれますか。 〔10点〕

式

答え _____

小数のかけ算だね。小数点の位置をまちがえないようにしよう。

とく点 [ ] 点

1 牛にゅうが0.8Lあります。これを4人で同じように分けました。1人分の牛にゅうは何Lですか。 〔10点〕

式

全部の量		人数		1人分の量
0.8	÷	4	=	0.2

答え

2 ジュースが1.8Lあります。これを3人で同じように分けました。1人分のジュースは何Lですか。 〔10点〕

式

全部の量		人数		1人分の量
1.8	÷		=	

答え

3 7.2Lの油を8本のびんに同じ量ずつ分けます。1本のびんに何Lずつ入れたらよいですか。 〔10点〕

式

答え

4 7.5mのテープを5人で同じ長さずつ分けます。1人分は何mになりますか。 〔10点〕

式

答え

5 長さが6mの鉄の板の重さをはかったら，28.2kgありました。この鉄の板1mの重さは何kgですか。 〔10点〕

式

全体の重さ		全体の長さ		1m分の重さ
	÷		=	

答え

6 6人で，4.92mのリボンを同じ長さずつ分けます。1人分のリボンの長さは何mになりますか。 〔10点〕

式 $\boxed{} \div \boxed{} = \boxed{}$

答え _____

7 0.316mのテープがあります。これを同じ長さに4本に切ります。1本の長さは何mになりますか。 〔10点〕

式

答え _____

8 みなとさんは，家から2.6kmはなれたおじさんの家まで行くのに，自転車で13分かかりました。1分間に何km走ったことになりますか。 〔10点〕

式

答え _____

9 ねん土17.5kgを，35人で同じ重さずつに分けます。1人分のねん土の重さは何kgになりますか。 〔10点〕

式

答え _____

10 ひなたさんの家では，にわとりをかっています。3週間で48.3kgのえさを使いました。1日に何kgずつ使ったことになりますか。 〔10点〕

式 $3週間 = \boxed{} 日$

答え _____

小数のわり算を使ってとく問題だね。正しい式が書けたかな。

とく点 ___ 点

始め 》
時　　分
》終わり
時　　分

むずかしさ
★★

月　　日　　名前

1 テープが17.5mあります。3mずつ切ると，何本できて何mあまりますか。

〔10点〕

式　$17.5 \div 3 = 5$ あまり 2.5

答え　□本できて，□mあまる。

2 とう油が45.8Lあります。これを6L入りのかんに入れると，何かんできて何Lあまりますか。　　〔10点〕

式

答え

3 米が61.5kgあります。これを5kgずつふくろに入れると，何ふくろできて何kgあまりますか。　　〔10点〕

式

答え

4 ジュースが31.2Lあります。これを4Lずつびんに入れると，何本できて何Lあまりますか。　　〔10点〕

式

答え

5 リボンが96.4mあります。7mずつ切ると，何本できて何mあまりますか。

式　　〔10点〕

答え

6 さとうが73.5kgあります。これを14kgずつふくろに入れると, 何ふくろでき て何kgあまりますか。 〔10点〕

式 $\boxed{} \div \boxed{} = \boxed{}$ あまり $\boxed{}$

答え $\boxed{}$ ふくろできて, $\boxed{}$ kgあまる。

7 ロープが61.8mあります。15mずつ切ると, 何本できて何mあまりますか。
〔10点〕

式

答え

8 石油が92.8Lあります。これをタンクに18Lずつ入れます。18L入った タンクは, いくつできて何Lあまりますか。 〔10点〕

式

答え

9 ぶどうが 118.5kgとれました。これを12kgずつ箱に入れます。何箱でき て何kgあまりますか。 〔10点〕

式

答え

10 水が120.6Lあります。これをバケツに11Lずつ入れます。11L入った バケツは, 何こできて何Lあまりますか。 〔10点〕

式

答え

まちがえた問題は, もう一度やりなおしてみよう。

とく点 　　　点

小数の問題　⑧

1 りんごジュースが12L あります。このジュースを同じ量ずつ8人で分けると，1人分は何Lになりますか。　〔10点〕

式　$12 \div 8 =$

答え

2 長さ6mのリボンがあります。このリボンを同じ長さずつ4人で分けると，1人分は何mになりますか。　〔10点〕

式

答え

3 重さ21kgの米を，6つのふくろに等分して入れます。1ふくろは何kgになりますか。　〔10点〕

式

答え

4 牛にゅうが4L あります。この牛にゅうを同じ量ずつ5人で分けると，1人分は何Lになりますか。　〔10点〕

式

答え

5 長さ42mのテープがあります。このテープを同じ長さずつ12人で分けると，1人分は何mになりますか。　〔10点〕

式

答え

6　14mの鉄のぼうの重さをはかったら，35kgありました。1mの重さは何kg になりますか。　　　　　　　　　　　　　　　　　　　　　　　　　　〔10点〕

式

答え

7　同じ大きさの15このメロンの重さをはかったら，63kgありました。メロン1この重さは何kgになりますか。　　　　　　　　　　　　　　　　〔10点〕

式

答え

8　長さ30mのひもがあります。このひもを8人で同じように分けると，1人分は何mになりますか。　　　　　　　　　　　　　　　　　　　　　　　〔10点〕

式

答え

9　20Lの水を，16人で同じように分けると，1人分の水は何Lになりますか。
　　　　　　　　　　　　　　　　　　　　　　　　　　　　　　　　　〔10点〕
式

答え

10　長さ56mのテープがあります。これを32人で同じように分けると，1人分は何mになりますか。　　　　　　　　　　　　　　　　　　　　　　　〔10点〕

式

答え

まちがえた問題はやりなおして，どこでまちがえたのか，たしかめておこう。

とく点　　点

1 米が大きいふくろに 5 kg，小さいふくろに 2 kg 入っています。大きいふくろの米の重さは，小さいふくろの米の重さの何倍ですか。 〔10点〕

式
$$5 \div 2 = \boxed{}$$

答え

2 下の図のような長方形があります。横の長さは，たての長さの何倍ですか。 〔10点〕

4m

10m

式

答え

3 ゆうとさんの体重は56kg，えいたさんの体重は35kg です。ゆうとさんの体重は，えいたさんの体重の何倍ですか。 〔10点〕

式

答え

4 りんごジュースのねだんは360円で，牛にゅうのねだんは240円です。りんごジュースのねだんは，牛にゅうのねだんの何倍ですか。 〔10点〕

式

答え

5 りなさんの身長は150cmで，お姉さんの身長は165cmです。お姉さんの身長は，りなさんの身長の何倍ですか。 〔10点〕

式

答え

6 しおが大きいふくろに45kg, 小さいふくろに25kg入っています。大きいふくろのしおの重さは, 小さいふくろのしおの重さの何倍ですか。 〔10点〕

式

答え

7 みゆさんは, きのう65ページ, きょう91ページ本を読みました。きょう読んだページは, きのう読んだページの何倍ですか。 〔10点〕

式

答え

8 石油が大きいタンクに63L, 小さいタンクに18L入っています。大きいタンクの石油の量は, 小さいタンクの石油の量の何倍ですか。 〔10点〕

式

答え

9 ケーキのねだんは270円で, プリンのねだんは150円です。ケーキのねだんは, プリンのねだんの何倍ですか。 〔10点〕

式

答え

10 小さな石の重さは32kg, 大きな石の重さは144kgあります。大きな石の重さは, 小さな石の重さの何倍ですか。 〔10点〕

式

答え

まちがえた問題はやりなおして, どこでまちがえたのか, たしかめておこう。

とく点　　　点

名前

1 リボンをはじめに $\frac{2}{5}$ m，そのあと $\frac{1}{5}$ m使いました。使ったリボンの長さは，全部で何mですか。 〔10点〕

式

1 m

$\frac{2}{5}$ m　　$\frac{1}{5}$ m

答え

2 油をかんに入れています。$\frac{3}{5}$ L 入れましたが，まだ入りそうなので，さらに $\frac{1}{5}$ L 入れました。油は全部で何 L 入りましたか。 〔10点〕

式

答え

3 畑をたがやしています。きのうは $\frac{5}{8}$ km²，きょうは $\frac{2}{8}$ km² たがやしました。全部で何km² たがやしましたか。 〔10点〕

式

答え

4 工作で，そうたさんはテープを $\frac{4}{9}$ m，かいとさんは $\frac{7}{9}$ m使いました。2人の使ったテープは，あわせて何mですか。 〔10点〕

式

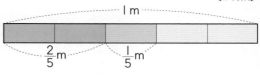

$\frac{4}{9}+\frac{7}{9}=\frac{11}{9}=1\frac{2}{9}$

答え

5 重さ $\frac{2}{4}$ kgの入れ物に，さとうを $\frac{3}{4}$ kg入れました。全体の重さは何kgになりますか。 〔10点〕

式

答え

6 さくらさんの家から学校までは $\frac{4}{5}$ kmあります。学校から駅までは $\frac{3}{5}$ kmあります。さくらさんの家から学校を通って駅までは，何kmありますか。〔10点〕

式

答え

7 リボンがありました。$\frac{2}{5}$ m使ったので，のこりが $\frac{3}{5}$ mになりました。リボンは，はじめに何mありましたか。〔10点〕

式

答え

8 油をかんに入れています。$\frac{1}{3}$ L入れましたが，まだ入りそうなので，さらに $\frac{4}{3}$ L入れました。油は全部で何L入りましたか。〔10点〕

式

答え

9 みかんがありました。$\frac{2}{5}$ kg食べたので，のこりが $\frac{7}{5}$ kgになりました。みかんは，はじめに何kgありましたか。〔10点〕

式

答え

10 牛にゅうを，しおりさんは $\frac{2}{4}$ L，たくみさんは $\frac{5}{4}$ L飲みました。あわせて，牛にゅうを何L飲みましたか。〔10点〕

式

答え

©くもん出版

分数のたし算だね。まちがえた問題は，やりなおしてみよう。

とく点　　点

1 ジュースがパックに1 $\frac{2}{3}$ L，びんに1L入っています。ジュースは，あわせて何Lありますか。　　　　〔10点〕

式　$1\frac{2}{3} + 1 = 2\frac{2}{3}$

答え

2 あいりさんは，毛糸でひもをあんでいます。これまでに，4 $\frac{3}{4}$ mあみました。きょう，また3mあみました。ひもは全部で何mになりましたか。　〔10点〕

式

答え

3 テープを1 $\frac{2}{5}$ m使ったので，のこりが $\frac{1}{5}$ mになりました。テープは，はじめに何mありましたか。　　　　〔10点〕

式

答え

4 はり金がありました。工作で4 $\frac{5}{10}$ m使ったので，のこりが3 $\frac{2}{10}$ mになりました。はり金は，はじめに何mありましたか。　　　　〔10点〕

式　$3\frac{2}{10} + 4\frac{5}{10} = 7\frac{7}{10}$

答え

5 重さが $\frac{3}{10}$ kgのかんに，さとうを1 $\frac{4}{10}$ kg入れました。全体の重さは何kgですか。　　　　〔10点〕

式

答え

6 米が, ふくろに$2\frac{2}{7}$kg入っています。あとから$1\frac{3}{7}$kg入れました。ふくろの米はあわせて何kgになりましたか。 〔10点〕

式

答え

7 米が, ふくろに$1\frac{3}{5}$kg入っています。あとから$1\frac{4}{5}$kg入れました。ふくろの米はあわせて何kgになりましたか。 〔10点〕

式

答え

8 工作ではり金を, いつきさんは$1\frac{2}{5}$m, ひろとさんは$2\frac{3}{5}$m使いました。2人の使ったはり金は, あわせて何mになりますか。 〔10点〕

式

答え

9 さつまいもをほりました。ひまりさんは$3\frac{3}{5}$kg, りくさんは$2\frac{4}{5}$kgほりました。あわせて, さつまいもを何kgほりましたか。 〔10点〕

式

答え

10 とう油がありました。$1\frac{4}{7}$L使ったので, のこりは$4\frac{5}{7}$Lになりました。とう油は, はじめに何Lありましたか。 〔10点〕

式

答え

まちがえた問題はやりなおして, どこでまちがえたのか, たしかめておこう。

とく点　　点

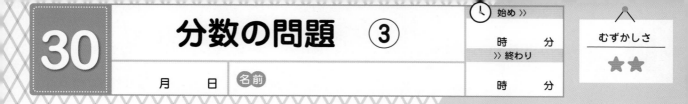

月 日 名前

1 紙テープを，お姉さんは $\frac{4}{5}$ m，ゆあさんは $\frac{3}{5}$ m持っています。2人の持っている紙テープの長さのちがいは何mですか。 〔10点〕

式 $\frac{4}{5} - \frac{3}{5} =$

答え

2 アルコールが $\frac{6}{7}$ L あります。きょうの実けんで $\frac{2}{7}$ L 使いました。のこっているアルコールは何 L ですか。 〔10点〕

式

答え

3 $\frac{9}{10}$ mのテープを2本に切りました。1本は $\frac{6}{10}$ mです。もう1本は何mですか。 〔10点〕

式

答え

4 工作ではり金を，だいちさんは $\frac{5}{9}$ m，はるとさんは $\frac{12}{9}$ m使いました。2人の使ったはり金の長さのちがいは何mですか。 〔10点〕

式

答え

5 リボンを，さくらさんは $\frac{9}{5}$ m，みゆさんは $\frac{6}{5}$ m持っています。2人の持っているリボンの長さのちがいは何mですか。 〔10点〕

式

答え

6 テープが $3\frac{3}{4}$ m あります。そのうちの 2 m を使いました。テープは何 m のこっていますか。 〔10点〕

式 $3\frac{3}{4} - 2 = 1\frac{3}{4}$

答え

7 赤いリボンが $2\frac{1}{5}$ m，白いリボンが 2 m あります。赤いリボンと白いリボンの長さのちがいは何 m ですか。 〔10点〕

式

答え

8 さとうが $3\frac{4}{5}$ kg あります。そのうちの $\frac{3}{5}$ kg を使いました。さとうは何 kg のこっていますか。 〔10点〕

式

答え

9 とう油が $4\frac{2}{3}$ L あります。そのうちの $1\frac{1}{3}$ L を使いました。とう油は何 L のこっていますか。 〔10点〕

式 $4\frac{2}{3} - 1\frac{1}{3} = 3\frac{1}{3}$

答え

10 ジュースが $1\frac{6}{7}$ L あります。そのうちの $1\frac{1}{7}$ L を飲みました。ジュースは何 L のこっていますか。 〔10点〕

式

答え

分数のひき算だね。まちがえた問題は，やりなおしてみよう。

とく点 　　点

分数の問題　④

1　赤いリボンが$4\frac{5}{9}$m，青いリボンが$3\frac{1}{9}$mあります。赤いリボンと青いリボンの長さのちがいは何mですか。　〔10点〕

式　$4\frac{5}{9} - 3\frac{1}{9} = 1\frac{4}{9}$

答え

2　かんに油が$3\frac{2}{4}$L入っています。そのうち，$2\frac{1}{4}$L使いました。のこっている油は何Lですか。　〔10点〕

式

答え

3　$6\frac{5}{6}$kgの米があります。きょう$1\frac{4}{6}$kg使いました。米は何kgのこっていますか。　〔10点〕

式

答え

4　紙テープを，かんなさんは$2\frac{2}{5}$m，みおさんは$3\frac{4}{5}$m持っています。2人の持っている紙テープの長さのちがいは何mですか。　〔10点〕

式

答え

5　じゃがいもが$3\frac{6}{7}$kgとれたので，これを2つのふくろに分けようと思います。1つのふくろに$2\frac{4}{7}$kg入れると，もう1つのふくろは何kgになりますか。　〔10点〕

式

答え

©くもん出版

6 さとうが$2\frac{1}{10}$kgあります。そのうち，$\frac{4}{10}$kg使いました。さとうは何kgの
こっていますか。 〔10点〕

式 $2\frac{1}{10} - \frac{4}{10} = 1\frac{7}{10}$

$2\frac{1}{10} - \frac{4}{10} = 1\frac{11}{10} - \frac{4}{10}$
$= \boxed{}$

答え

7 $8\frac{1}{4}$kgの米があります。きょう$\frac{2}{4}$kg使いました。米は何kgのこっていま
すか。 〔10点〕

式

答え

8 じゃがいもが$8\frac{2}{4}$kgとれたので，これを2つのふくろに分けようと思います。
1つのふくろに$4\frac{3}{4}$kg入れると，もう1つのふくろは何kgになりますか。 〔10点〕

式

答え

9 とう油がかんに20L入っています。そのうち，ストーブに$4\frac{2}{5}$L入れまし
た。とう油は何Lのこっていますか。 〔10点〕

式

答え

10 金ぞくのバケツには，プラスチックのバケツより水が$1\frac{3}{5}$L多く入ります。
金ぞくのバケツに水は$5\frac{1}{5}$L入ります。プラスチックのバケツには水が何L
入りますか。 〔10点〕

式

答え

©くもん出版

仮分数になおすときに，まちがえないようにしよう。

62

とく点　　　点

1 50円のガムと80円のあめを買って，200円出しました。おつりは何円ですか。　〔1問　10点〕

① ガムとあめをあわせた代金は何円ですか。

式

答え _____

② おつりは何円ですか。

式

答え _____

③ （ ）を使って1つの式に表し，おつりをもとめましょう。

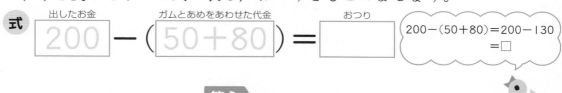

式　出したお金　200 − （ ガムとあめをあわせた代金 50＋80 ） ＝ おつり ☐

200−(50+80)=200−130
=☐

答え _____

2 80円のノートと160円の下じきを買って，500円玉を出しました。おつりは何円ですか。（ ）を使って1つの式に表し，答えをもとめましょう。〔10点〕

式　出したお金　500 − （ 代金 80＋160 ） ＝ おつり ☐

500−(80+160)=500−240
=☐

答え _____

3 70円の消しゴムと120円のノートを買って，200円出しました。おつりは何円ですか。（ ）を使って1つの式に表し，答えをもとめましょう。　〔10点〕

式　200 − （　　　　　　　） ＝

答え _____

4 250円のざっしと，350円のどう話の本を1さつずつ買って，1000円さつを出しました。おつりは何円ですか。（　）を使って1つの式に表し，答えをもとめましょう。 〔10点〕

式

答え

5 全部で350ページの本があります。きのう85ページ，きょう90ページ読みました。読んでいないページは何ページですか。（　）を使って1つの式に表し，答えをもとめましょう。 〔10点〕

式

答え

6 1まい600円のハンカチを買ったら，30円安くしてくれました。1000円さつを出すと，おつりは何円になりますか。 〔1問　10点〕
① ハンカチをいくらで買いましたか。

式

答え

② （　）を使って1つの式に表し，おつりをもとめましょう。

式　出したお金　代　金　おつり
$1000 - (600 - 30) =$ 　
1000−(600−30)=1000−570
=□

答え

7 850円の絵の具を買ったら，50円安くしてくれました。1000円さつを出すと，おつりは何円になりますか。（　）を使って1つの式に表し，答えをもとめましょう。 〔10点〕

式

答え

正しく1つの式に表すことができたかな。よく見なおしてみよう。

とく点　　点

月　日　名前

1 色紙を1人に10まいずつ配ります。3年生が6人，4年生が8人います。色紙は全部で何まいあればよいですか。（　）を使って1つの式に表し，答えをもとめましょう。　　　　　　　　　　　　　　　　　　〔10点〕

式
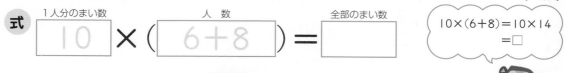
1人分のまい数　　人　数　　全部のまい数

$$10 \times (6+8) = 10 \times 14 = \square$$

答え ＿＿＿＿＿＿＿＿＿＿＿＿＿＿＿

2 みかんを1人に5こずつ配ります。4年生が7人，5年生が6人います。みかんは全部で何こあればよいですか。（　）を使って1つの式に表し，答えをもとめましょう。　　　　　　　　　　　　　　　　　　〔10点〕

式

1人分の数　　　人　数　　　全部の数

答え

3 1こ30円のおかしをゆみさんは5こ，はるきさんは7こ買いました。おかしの代金は全部で何円になりますか。（　）を使って1つの式に表し，答えをもとめましょう。　　　　　　　　　　　　　　　　　　〔10点〕

式　30 × （　　　　　　　　） ＝　　　　答え

4 1本70円のえん筆を1ダースと5本買いました。えん筆の代金は全部で何円ですか。（　）を使って1つの式に表し，答えをもとめましょう。　〔10点〕

式

答え

5 1こ80円のりんごを15こと，1こ80円の夏みかんを4こ買いました。全部で何円はらえばよいですか。（　）を使って1つの式に表し，答えをもとめましょう。　　　　　　　　　　　　　　　　　　〔10点〕

式

答え

6 1本70円のえん筆と1こ15円のキャップを1組にして，7組買いました。代金は全部で何円ですか。（　）を使って1つの式に表し，答えをもとめましょう。　　　　　　　　　　　　　　　　　　　　　　　　　〔10点〕

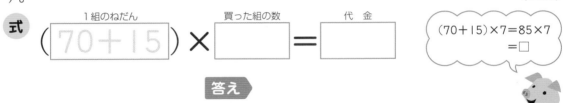

式　（70＋15）×□＝□

1組のねだん　買った組の数　代金

（70＋15）×7＝85×7
＝□

答え

7 1人に1こ30円のみかんと，1こ60円のおかしを配ります。子どもは7人います。全部で何円あればよいですか。（　）を使って1つの式に表し，答えをもとめましょう。　　　　　　　　　　　　　　　　　　　〔10点〕

式　（　　　　　）×7＝　　　　　　答え

8 そうまさんの組の人数は38人です。紙の箱をつくるために，1人あたり工作用紙代35円と色紙代55円を集めました。全部でいくら集まりましたか。（　）を使って1つの式に表し，答えをもとめましょう。　　〔10点〕

式

答え

9 1こ85円のりんごを70こ買いました。たくさん買ったので，1こにつき5円安くしてくれました。全部で何円はらえばよいですか。（　）を使って1つの式に表し，答えをもとめましょう。　　　　　　　　〔10点〕

式

答え

10 めいさんの組の人数は36人ですが，きょうは4人休んでいます。工作の時間に，色紙を1人に15まいずつ配りました。配った色紙は全部で何まいですか。（　）を使って1つの式に表し，答えをもとめましょう。　〔10点〕

式

答え

（　）の中から先に計算するんだね。

とく点　　　点

1つの式でとく問題 ③

月　日　名前

1 1こ40円の消しゴムと1本50円のえん筆を1組にして買うことにしました。720円では何組買うことができますか。（　）を使って1つの式に表し，答えをもとめましょう。 〔10点〕

式　持っているお金 720 ÷ （ 1組のねだん 40＋50 ） ＝ 買える組の数

720÷（40＋50）＝720÷90
　　　　　　　　　　＝□

答え

2 1たば60円の色紙と1本20円の竹ひごを1組にして買うことにしました。960円では何組買うことができますか。（　）を使って1つの式に表し，答えをもとめましょう。 〔10点〕

式　持っているお金 　　　 ÷ （ 1組のねだん 　　　 ） ＝ 買える組の数

答え

3 1本60円のえん筆と1こ25円のキャップを1組にして買うことにしました。510円では何組買うことができますか。（　）を使って1つの式に表し，答えをもとめましょう。 〔10点〕

式　 510 ÷ （　　　　　　　　　） ＝

答え

4 1ふくろ50円のおかしと1ふくろ45円のおかしを1組にして買うことにしました。760円では何組買うことができますか。（　）を使って1つの式に表し，答えをもとめましょう。 〔10点〕

式

答え

5 工作用紙が25まいあります。20まい買いたして15人で同じ数ずつ分けると，1人分は何まいになりますか。（ ）を使って1つの式に表し，答えをもとめましょう。 〔10点〕

式

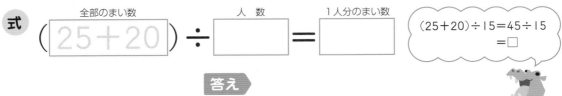

答え _____

6 チョコレートが大きい箱に60こ，小さい箱に30こ入っています。これをあわせて6人で同じ数ずつ分けると，1人分は何こになりますか。（ ）を使って1つの式に表し，答えをもとめましょう。 〔10点〕

式 （   ）÷6＝

答え _____

7 ひろとさんは兄弟3人でお金を出しあって，450円のシールと，510円のはさみを買うことにしました。1人何円ずつ出せばよいですか。（ ）を使って1つの式に表し，答えをもとめましょう。 〔10点〕

式

答え _____

8 おはじきがそれぞれ24こ，28こ，32こ入ったふくろがあります。これを3人で同じ数ずつ分けます。1人分は何こになりますか。（ ）を使って1つの式に表し，答えをもとめましょう。 〔15点〕

式

答え _____

9 みかんが46こありました。そのうち4こがいたんでいたので，それをのぞいて6人で同じ数ずつ分けます。1人分は何こになりますか。（ ）を使って1つの式に表し，答えをもとめましょう。 〔15点〕

式

答え _____

問題をよく読んで，正しい式が書けたかな。計算もまちがえていないか，たしかめよう。

とく点　　点

月　　日　名前

1 ひまりさんは120円のノートを1さつと，1本70円のえん筆を3本買いました。代金は何円になりますか。1つの式に表し，答えをもとめましょう。〔10点〕

式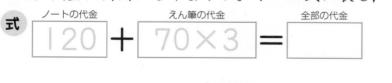

ノートの代金　　　えん筆の代金　　　全部の代金

$120 + 70 \times 3 = $

$120 + 70 \times 3 = 120 + 210$
$= \square$

答え _____

2 ゆうとさんは，500円のバナナと，1こ80円のりんごを5こ買いました。代金は何円になりますか。1つの式に表し，答えをもとめましょう。〔10点〕

式

バナナの代金　　　りんごの代金　　　全部の代金

　　　 + 　　　 =

答え _____

3 みさきさんは300円の下じきと，1まい20円の画用紙を5まい買いました。代金は何円になりますか。1つの式に表し，答えをもとめましょう。〔10点〕

式 　　　 + 　　　 =

答え _____

4 1こ400gのかんづめが2こと，1こ460gのかんづめが1こあります。全部の重さは何gですか。1つの式に表し，答えをもとめましょう。〔10点〕

式

答え _____

5 色紙を1人に5まいずつ30人に配りました。色紙はまだ12まいのこっています。色紙は，全部で何まいありましたか。1つの式に表し，答えをもとめましょう。〔10点〕

式

答え _____

6 れんさんは１まい30円の工作用紙を３まい買って，100円玉を出しました。おつりは何円ですか。１つの式に表し，答えをもとめましょう。 〔10点〕

式　出したお金　100　－　代金　30×3　＝　おつり

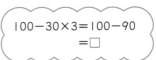

$100-30×3=100-90$
$=□$

答え

---

7 こはるさんは１さつ120円のノートを３さつ買い，500円玉を出しました。おつりは何円ですか。１つの式に表し，答えをもとめましょう。 〔10点〕

式　出したお金　　－　代金　　＝　おつり

答え

---

8 あやとさんは１こ350円のかんづめを２こ買い，1000円さつを出しました。おつりは何円ですか。１つの式に表し，答えをもとめましょう。 〔10点〕

式

答え

---

9 色紙が300まいあります。１人に６まいずつ36人の子どもに配ります。色紙は何まいのこりますか。１つの式に表し，答えをもとめましょう。〔10点〕

式

答え

---

10 １箱20本入りのジュースが４箱あります。子どもたち96人に１本ずつ配ります。ジュースは何本たりませんか。１つの式に表し，答えをもとめましょう。 〔10点〕

式

答え

計算のじゅんじょをまちがえていないか，かくにんしよう。まちがえた問題は，やりなおしてみよう。

とく点　　点

1 しおりさんは200円のコンパスと，1ダース600円のえん筆を半ダース買いました。代金は何円になりますか。1つの式に表し，答えをもとめましょう。

式　

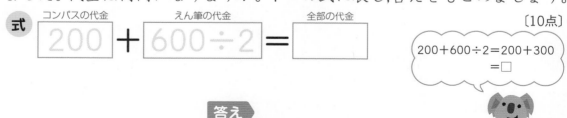

コンパスの代金　　えん筆の代金　　　全部の代金

$$\boxed{200} + \boxed{600 \div 2} = \boxed{}$$

〔10点〕

200＋600÷2＝200＋300
＝□

答え

2 はるとさんは1本1500円のラケットと，1ダース800円のはねを半ダース買いました。代金は何円になりますか。1つの式に表し，答えをもとめましょう。　〔10点〕

式　ラケットの代金　　　はねの代金　　　　全部の代金

$$\boxed{} + \boxed{} = \boxed{}$$

答え

3 だいちさんは450円の筆箱と，1ダース720円のえん筆を半ダース買いました。代金は何円になりますか。1つの式に表し，答えをもとめましょう。

式　$\boxed{} + \boxed{} = \boxed{}$

〔10点〕

答え

4 りこさんは350円持っています。きょう，おばさんが来て500円くれたので，それをお姉さんと2人で同じように分けました。りこさんのお金は，全部で何円になりましたか。1つの式に表し，答えをもとめましょう。　〔10点〕

式

答え

5 あさひさんは，250円のチョコレートと，2kgで860円のみかんを1kg買いました。全部で何円になりますか。1つの式に表し，答えをもとめましょう。　〔10点〕

式

答え

6 りくさんは200円持っています。兄弟3人で同じようにお金を出しあって，1さつ450円の物語の本を買いました。りくさんののこりのお金は何円ですか。1つの式に表し，答えをもとめましょう。　〔10点〕

式　

持っているお金		使ったお金		のこりのお金
200	ー	450÷3	＝	

200−450÷3＝200−150
　　　　　＝□

答え　

7 ゆいさんは800円持っています。母の日に，お姉さんと2人で同じようにお金を出しあい，700円の花たばを買ってお母さんにあげました。ゆいさんのお金は何円のこっていますか。1つの式に表し，答えをもとめましょう。　〔10点〕

式　□　ー　□　＝　□

答え　

8 そうたさんは色紙を30まい持っています。そうたさんはお兄さんと2人で色紙を同じまい数ずつ出しあい，50まい使ってくさりのかざりをつくりました。そうたさんの色紙は何まいのこっていますか。1つの式に表し，答えをもとめましょう。　〔10点〕

式　

答え　

9 みつきさんは500円持っています。1ダース480円のえん筆を半ダース買いました。みつきさんのお金は何円になりましたか。1つの式に表し，答えをもとめましょう。　〔10点〕

式　

答え　

10 2kgで850円のみかんを1kg買って，1000円さつを出しました。おつりは何円になりますか。1つの式に表し，答えをもとめましょう。　〔10点〕

式　

答え　

×，÷の計算は，＋，−よりも先にするんだね。

とく点　　点

1つの式でとく問題 ⑥

月　日　名前

1 　84このおはじきを6つのふくろに等分して入れました。そのうち，2ふくろがももかさんのおはじきです。ももかさんのおはじきは何こですか。1つの式に表し，答えをもとめましょう。　　　　　　　　　　　　　〔10点〕

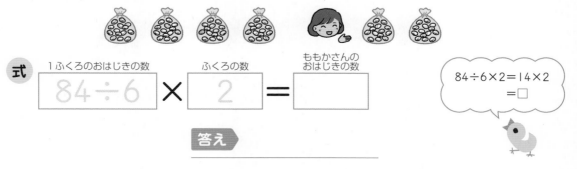

式　1ふくろのおはじきの数　　ふくろの数　　ももかさんのおはじきの数

$$84 ÷ 6 × 2 =$$

$84÷6×2=14×2$
$=□$

答え＿＿＿＿＿＿＿＿＿＿

2 　あめが72こあります。これを8つのふくろに等分して入れます。そのうち，3ふくろがかいとさんのあめです。かいとさんのあめは何こですか。1つの式に表し，答えをもとめましょう。　　　　　　　　　　　　　〔10点〕

式

答え＿＿＿＿＿＿＿＿＿＿

3 　チューリップの球根が，3こずつふくろに入っています。これを2ふくろ買ったら900円でした。チューリップの球根1このねだんは何円ですか。1つの式に表し，答えをもとめましょう。　　　　　　　　　　〔1問　10点〕

① 　球根全部のこ数をもとめてから，1このねだんをもとめましょう。

式　全部のねだん　　全部のこ数　　1このねだん

$$900 ÷ (3 × 2) =$$

$900÷(3×2)=900÷6$
$=□$

答え＿＿＿＿＿＿＿＿＿＿

② 　1ふくろのねだんをもとめてから，1このねだんをもとめましょう。

式　1ふくろのねだん　　1ふくろのこ数　　1このねだん

$$900 ÷ 2 ÷ 3 =$$

$900÷2÷3=450÷3$
$=□$

答え＿＿＿＿＿＿＿＿＿＿

4 みかんが6こずつふくろに入っています。これを4ふくろ買ったら720円でした。みかん1このねだんは何円ですか。1つの式に表し，答えをもとめましょう。 〔1問 10点〕

① みかん全部の数をもとめてから，1このねだんをもとめましょう。

式

答え

② 1ふくろのねだんをもとめてから，1このねだんをもとめましょう。

式

答え

5 りんごを2こ買ったら90円でした。このりんごを8こ買うには，お金が何円あればよいですか。1つの式に表し，答えをもとめましょう。

〔1問 10点〕

① 8こは2この何倍かをもとめてから，8この代金をもとめましょう。

式

答え

② りんご1このねだんをもとめてから，8この代金をもとめましょう。

式

答え

6 1たば12まいの色紙が8たばあります。これを4人で等分すると，1人分は何まいになりますか。1つの式に表し，答えをもとめましょう。 〔10点〕

式

答え

7 えん筆が15ダースあります。これを5人で等分すると，1人分は何本になりますか。1つの式に表し，答えをもとめましょう。 〔10点〕

式

答え

問題をよく読んで式を書こう。

とく点 点

始め 》》　時　　分
》》 終わり
時　　分

むずかしさ
★★

月　　日　名前

1 いつきさんは1本80円のボールペンを2本と，1本60円のえん筆を5本買いました。代金は全部で何円になりますか。1つの式に表し，答えをもとめましょう。〔10点〕

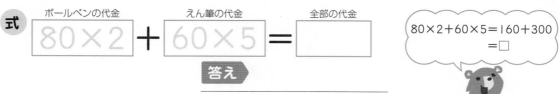

式　ボールペンの代金　えん筆の代金　全部の代金
80×2 ＋ 60×5 ＝

$80 \times 2 + 60 \times 5 = 160 + 300$
$= \square$

答え

2 1こ95円のオレンジを4こと，1こ80円のりんごを3こ買いました。代金は全部で何円になりますか。1つの式に表し，答えをもとめましょう。〔10点〕

式 □ ＋ □ ＝ □

答え

3 かのんさんは50円のパンを5こと，80円のパンを10こ買いました。代金は全部で何円になりますか。1つの式に表し，答えをもとめましょう。〔10点〕

式

答え

4 4人がけのいすが8きゃく，3人がけのいすが12きゃくあります。このいす全部に人がすわると，何人すわれますか。1つの式に表し，答えをもとめましょう。〔10点〕

式

答え

5 1こ60円のりんごを4こと，4こで200円の夏みかんを1こ買うと，代金は全部で何円になりますか。1つの式に表し，答えをもとめましょう。〔10点〕

式　りんごの代金　夏みかんの代金　全部の代金
60×4 ＋ $200 \div 4$ ＝

答え

©くもん出版

6 　１さつ80円のノートを２さつと，１ダース480円のえん筆を半ダース買う
と，代金は全部で何円になりますか。１つの式に表し，答えをもとめましょう。

〔10点〕

式

答え

7 　赤い色紙72まいを同じ数ずつたばにしたら，９たばできました。黄色い
色紙42まいを同じ数ずつたばにしたら，６たばできました。赤い色紙
１たばのまい数は，黄色い色紙１たばのまい数より何まい多いですか。１つ
の式に表し，答えをもとめましょう。

〔10点〕

式

答え

8 　ゆいさんはノートを４さつ買って300円はらいました。りくさんはノート
を２さつ買って160円はらいました。りくさんの買ったノート１さつのねだ
んは，ゆいさんの買ったノート１さつのねだんよりいくら高いですか。１つ
の式に表し，答えをもとめましょう。

〔10点〕

式

答え

9 　４人の子どもに250円のケーキを１こずつと，120円のジュースを１本ず
つ買って配ります。お金は，全部で何円いりますか。１つの式に表し，答え
をもとめましょう。

〔１問　10点〕

①　１人分のケーキとジュースの代金をもとめてから，答えをもとめましょ
う。

式 （　　　　　　　　　）×４＝　　　　　答え

②　ケーキの代金と，ジュースの代金をべつべつにもとめてから，答えをも
とめましょう。

式

答え

©くもん出版

まちがえた問題は，やりなおしてみよう。

とく点　　　　点

39 いろいろな問題 ①

 始め 》
時　分
》 終わり
時　分

 むずかしさ
★★★

月　日 名前

1 　ゆうまさんは，消しゴムを1ことノートを1さつ買って140円はらいました。れんさんは，同じ消しゴムを1ことノートを2さつ買って220円はらいました。消しゴム1こ，ノート1さつのねだんは，それぞれ何円ですか。　〔1問　10点〕

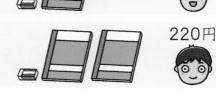

140円

220円

①　ノート1さつのねだんは何円ですか。

式　220－140＝

答え

②　消しゴム1このねだんは何円ですか。

式

答え

2 　はるかさんは，消しゴムを1ことノートを1さつ買って140円はらいました。みゆさんは，同じ消しゴムを1ことノートを3さつ買って300円はらいました。消しゴム1こ，ノート1さつのねだんは，それぞれ何円ですか。　〔1問　10点〕

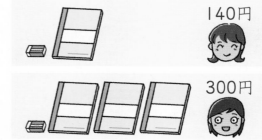

140円

300円

①　ノート1さつのねだんは何円ですか。

式

答え

②　消しゴム1このねだんは何円ですか。

式

答え

3 あおいさんは、ノートを１さつとえん筆を２本買って180円はらいました。ゆづきさんは、同じノートを１さつとえん筆を４本買って280円はらいました。

〔1問　10点〕

①　えん筆１本のねだんは何円ですか。

式

答え

②　ノート１さつのねだんは何円ですか。

式

答え

4 りんごを６こ買ってかごに入れてもらったら、かご代とあわせて580円でした。同じりんごを10こ買ってかごに入れてもらうと、900円になるそうです。

〔1問　10点〕

①　りんご１このねだんは何円ですか。

式

答え

②　かごのねだんは何円ですか。

式

答え

5 えいたさんは、ノートを２さつとえん筆を２本買って260円はらいました。はるとさんは、同じノートを２さつとえん筆を５本買って380円はらいました。

〔1問　10点〕

①　えん筆１本のねだんは何円ですか。

式

答え

②　ノート１さつのねだんは何円ですか。

式

答え

問題を図にかくと、わかりやすくなるよ。

とく点　　点

40 いろいろな問題 ②

始め 〉〉 時 分
〉〉 終わり 時 分

むずかしさ
★ ★ ★

月 日 名前

1 赤いおはじきと白いおはじきが，あわせて11こあります。赤いおはじきは，白いおはじきより1こ多いそうです。白いおはじきは何こありますか。

〔15点〕

式

| 11 | − | 1 | = | |

| | ÷ | 2 | = | |

答え ▶

2 赤いおはじきと白いおはじきが，あわせて13こあります。赤いおはじきは，白いおはじきより3こ多いそうです。白いおはじきは何こありますか。

〔15点〕

式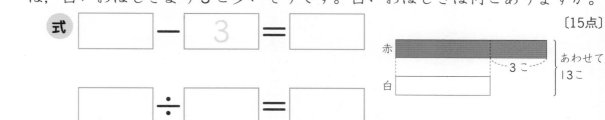

| | − | 3 | = | |

| | ÷ | | = | |

答え ▶

3 赤いおはじきと白いおはじきが，あわせて24こあります。赤いおはじきは，白いおはじきより4こ多いそうです。白いおはじきは何こありますか。

式

〔15点〕

答え ▶

4 くりとかきを，あわせて50ことりました。くりは，かきより12こ多いそうです。くりとかきは，それぞれ何こありますか。 〔1問　10点〕

① かきは何こありますか。

式 ▢ − 12 = ▢

▢ ÷ 2 = ▢

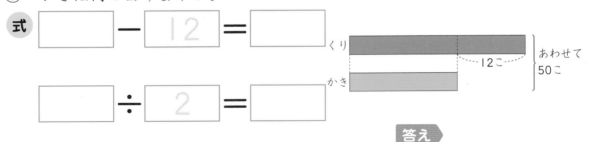

答え _____

② くりは何こありますか。

式 ▢ ＋ 12 = ▢

答え _____

5 みかんとりんごが，あわせて53こあります。みかんはりんごより13こ多いそうです。みかんとりんごは，それぞれ何こありますか。 〔15点〕

式

答え　みかん：_____　りんご：_____

6 たくみさんとひかりさんで，カードをあわせて50まいつくりました。たくみさんのほうが，ひかりさんより6まい多くつくりました。たくみさんとひかりさんは，それぞれ何まいカードをつくりましたか。 〔20点〕

式

答え　たくみ：_____　ひかり：_____

わからないときは，問題をよく読んで，図に表してみよう。

とく点 _____ 点

41 いろいろな問題 ③

始め 》》
時　分
》》終わり
時　分

むずかしさ
★★★

月　日　名前

1　みなとさんとももかさんは，色紙を10まいずつ持っています。みなとさんがももかさんに1まいあげると，2人の色紙の数のちがいは何まいになりますか。　〔10点〕

式
（みなとのまい数）10－1＝9
（ももかのまい数）10＋1＝11
（2人のちがい）11－9＝2

みなと
ももか

答え

2　あんなさんとはるとさんは，どんぐりを20こずつ持っています。あんなさんがはるとさんに1こあげると，2人のどんぐりの数のちがいは何こになりますか。　〔10点〕

式
20－1＝
20＋1＝

答え

3　あんなさんとはるとさんは，どんぐりを20こずつ持っています。あんなさんがはるとさんに2こあげると，2人のどんぐりの数のちがいは何こになりますか。　〔10点〕

式

答え

4　あんなさんとはるとさんは，どんぐりを20こずつ持っています。あんなさんがはるとさんに3こあげると，2人のどんぐりの数のちがいは何こになりますか。　〔10点〕

式

答え

5 さくらさんとそうたさんは，どんぐりを10こずつ持っています。さくらさんのどんぐりの数が，そうたさんより8こ多くなるようにします。そうたさんはさくらさんに何こあげればよいでしょうか。　〔15点〕

式 8÷2＝4

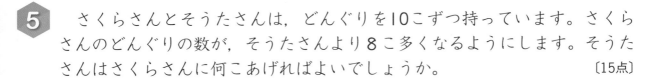

そうた

さくら
8こ

答え

6 かのんさんはどんぐりを12こ，妹は6こ持っています。かのんさんが妹に何こあげると，2人のどんぐりの数が同じになりますか。　〔15点〕

式 12－6＝6
6÷2＝3

かのん

妹

答え

7 ひまりさんは色紙を76まい，妹は48まい持っています。ひまりさんが妹に何まいあげると，2人の色紙の数が同じになりますか。　〔15点〕

式

ひまり　76まい
妹　48まい

答え

8 ゆうきさんは，おはじきを52こ持っています。弟に6こあげると，2人のおはじきの数が同じになります。弟はおはじきを何こ持っていますか。

〔15点〕

式

ゆうき　52こ
6こ
弟　?こ

答え

©くもん出版

わからないときは，問題をよく読んで，図に表してみよう。

とく点
点

始め 》〉
時　　分
〉〉終わり
時　　分

むずかしさ
★ ★ ★

月　　日　名前

1 　同じねだんのえん筆3本と60円の消しゴムを買ったら, 全部で300円でした。えん筆1本のねだんは何円ですか。　〔1問　10点〕

① 　えん筆3本の代金は何円ですか。

式　　全部の代金　消しゴムの代金　えん筆3本の代金
　　　300　－　60　＝

答え

② 　えん筆1本のねだんは何円ですか。

式　えん筆3本の代金　本 数　えん筆1本のねだん
　　　　÷　3　＝

答え

2 　同じねだんの工作用紙4まいと80円の色紙を買ったら, 全部で200円でした。工作用紙1まいのねだんは何円ですか。　〔1問　10点〕

① 　工作用紙4まいの代金は何円ですか。

式　200　－　80　＝

答え

② 　工作用紙1まいのねだんは何円ですか。

式　　　÷　4　＝

答え

③ 　①, ②を1つの式に表して, 1まいのねだんをもとめましょう。

式　(200　－　80) ÷　4　＝

答え

3 　同じねだんのおかし 3 こと250円のジュースを買ったら，全部で460円でした。おかし 1 このねだんは何円ですか。 1 つの式に書いてもとめましょう。

〔10点〕

式　([460] － [250]) ÷ [3] ＝ [　　]

答え

4 　同じねだんののり 2 こと450円のはさみを買ったら，全部で630円でした。のり 1 このねだんは何円ですか。 1 つの式に書いてもとめましょう。　〔10点〕

式

答え

5 　同じねだんのりんごを 6 こ買いました。30円まけてもらって420円はらいました。りんごは， 1 こ何円のねだんがついていましたか。 1 つの式に書いてもとめましょう。

〔15点〕

式　([　　] ＋ [　　]) ÷ [　　] ＝ [　　]

答え

6 　同じねだんのおかしを 8 こ買いました。20円まけてもらって700円はらいました。おかしは， 1 こ何円のねだんがついていましたか。 1 つの式に書いてもとめましょう。

〔15点〕

式

答え

問題をよく読んで，式を書こう。

とく点　　　点

いろいろな問題　⑤

1　ゆいさんとれんさんとそうまさんの3人は，おやつに出されたくりを3人で同じ数ずつ分けました。そのあと，ゆいさんは，れんさんから4こもらったので，ゆいさんのくりの数は12こになりました。はじめにくりは何こありましたか。　　　　　　　　　　　　　　　　　　　　　　　　〔1問　10点〕

①　1人分のくりの数は何こですか。

式　

答え

②　はじめにくりは何こありましたか。

式　

答え

2　さとしさんたち4人のグループでは，画用紙を同じまい数ずつに分けました。そのあと，さとしさんは，グループの1人から2まいもらったので，さとしさんの画用紙のまい数は8まいになりました。さとしさんのグループには，画用紙が全部で何まいありますか。　　　　　　　　　　　　　　〔1問　10点〕

①　1人分の画用紙のまい数は何まいですか。

式　

答え

②　画用紙は全部で何まいありますか。

式　□ × □ ＝ □

答え

3 だいちさんの家では，とってきたいちごを家族5人で同じ数ずつに分けました。そのあと，だいちさんは，お母さんから8こもらったので，だいちさんのいちごの数は18こになりました。とってきたいちごは，全部で何こありましたか。1つの式に書いてもとめましょう。 〔15点〕

式 (18 − 8) × 5 =

答え

4 かのんさんたち6人は，おはじきを同じ数ずつ分けました。そのあと，かのんさんは，なかまの1人から5こもらったので23こになりました。おはじきは，全部で何こありますか。1つの式に書いてもとめましょう。 〔15点〕

式

答え

5 ひろとさんの組では，作文用紙を32人に同じ数ずつ配りました。ひろとさんは，きょうまでに12まい使ったので，のこりは5まいになりました。組全体で何まいの作文用紙を配りましたか。1つの式に書いてもとめましょう。 〔15点〕

式 (＋) × =

答え

6 みつきさんの組では，色紙を28人に同じ数ずつ配りました。みつきさんは，きょうまでに6まい使ったので，のこりは14まいになりました。組全体で何まいの色紙を配りましたか。1つの式に書いてもとめましょう。 〔15点〕

式

答え

計算をまちがえないように，気をつけよう。

とく点　点

44 いろいろな問題 ⑥

始め 》》　時　分
》》終わり　時　分

むずかしさ
★★★

月　日　名前

1 たくみさんの住んでいるマンションの高さは72mで、これはとなりにあるビルの高さの3倍です。また、このビルの高さは、電柱の高さの2倍です。電柱の高さは何mですか。　　　〔1問　10点〕

(1) ビルの高さをもとめてから、電柱の高さをもとめます。

① ビルの高さは何mですか。

式

マンションの高さ		マンションがビルの何倍		ビルの高さ
72	÷	3	=	

答え

② 電柱の高さは、何mですか。

式

ビルの高さ		ビルが電柱の何倍		電柱の高さ
	÷	2	=	

答え

(2) マンションの高さは電柱の高さの何倍であるかをもとめてから、電柱の高さをもとめます。

① マンションの高さは、電柱の高さの何倍にあたりますか。

式

マンションがビルの何倍		ビルが電柱の何倍		マンションが電柱の何倍
3	×	2	=	

答え

② 電柱の高さは、何mですか。

式

マンションの高さ		マンションが電柱の何倍		電柱の高さ
	÷		=	

答え

2 赤いテープの長さは24mで、これは白いテープの長さの2倍です。白いテープの長さは、青いテープの長さの4倍です。青いテープの長さは何mですか。　　　〔1問　10点〕

① 赤いテープの長さは、青いテープの長さの何倍にあたりますか。

式

答え

② 青いテープの長さは何mですか。

式

答え

3 はるとさんのお父さんの体重は60kgで，はるとさんの体重の2倍です。また，はるとさんの体重は，妹の体重の3倍だそうです。妹の体重は何kgですか。

お父さんの体重は妹の体重の何倍であるかを考え，1つの式に書いてもとめましょう。 〔10点〕

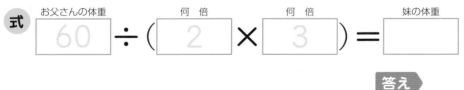

式

お父さんの体重　何倍　何倍　妹の体重

$60 ÷ (2 × 3) = \boxed{}$

答え

4 しおりさんはおはじきを48こ持っています。これはひかりさんの持っているおはじきの3倍です。ひかりさんの持っているおはじきの数は，りょうたさんの持っているおはじきの4倍だそうです。りょうたさんはおはじきを何こ持っていますか。

しおりさんの持っているおはじきの数は，りょうたさんの持っているおはじきの数の何倍であるかを考え，1つの式に書いてもとめましょう。 〔15点〕

式

答え

5 あかりさんはシールを36まい持っています。これはゆうまさんの持っているシールのまい数の2倍です。また，ゆうまさんの持っているシールのまい数は，こはるさんの持っているシールのまい数の2倍だそうです。こはるさんはシールを何まい持っていますか。

あかりさんの持っているシールのまい数は，こはるさんの持っているシールのまい数の何倍であるかを考え，1つの式に書いてもとめましょう。〔15点〕

式

答え

問題の読みまちがえは，なかったかな。気をつけよう。

とく点　　点

1　60cmのテープを2つに切って，長いほうのテープの長さが，短いほうのテープの長さの2倍になるようにします。何cmと何cmに分けたらよいですか。　　　〔1問　10点〕

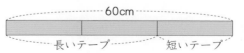

①　短いほうのテープの長さは何cmですか。

式　| 60 | ÷ | 3 | = | 20 |

答え

②　長いほうのテープの長さは何cmですか。

式　| 20 | × | 2 | = | |

答え

2　80cmのテープを2つに切って，長いほうのテープの長さが，短いほうのテープの長さの3倍になるようにします。何cmと何cmに分けたらよいですか。　　　〔1問　10点〕

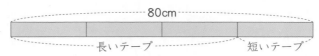

①　短いほうのテープの長さは何cmですか。

式　| 80 | ÷ | | = | |

答え

②　長いほうのテープの長さは何cmですか。

式　| | × | | = | |

答え

3 90cmのひもがあります。これを2つに切って，長いほうのひもの長さが短いほうのひもの長さの2倍になるようにします。何cmと何cmに分けたらよいですか。 〔1問 10点〕

① 短いほうのひもの長さは何cmですか。

式

答え

② 長いほうのひもの長さは何cmですか。

式

答え

4 りんごとみかんがあわせて45こあります。みかんの数は，りんごの数のちょうど2倍あるそうです。りんごとみかんは，それぞれ何こありますか。 〔1問 10点〕

① りんごは何こありますか。

式

答え

② みかんは何こありますか。

式

答え

5 ものさしと筆箱を買ったら，ちょうど600円でした。筆箱のねだんは，ものさしのねだんの3倍だそうです。ものさしと筆箱のねだんは，それぞれ何円ですか。 〔1問 10点〕

① ものさしのねだんは何円ですか。

式

答え

② 筆箱のねだんは何円ですか。

式

答え

わからないときは，図にかいてみよう。

とく点　　点

46 いろいろな問題 ⑧

始め ≫

時　　分

≫ 終わり

時　　分

むずかしさ
★★★

月　日　名前

1 赤と黄の2本のテープがあります。赤いテープの長さは黄色いテープの3倍で，長さのちがいは20cmです。それぞれのテープの長さは何cmですか。

〔1問　10点〕

① 黄色いテープの長さは何cmですか。

式 $\boxed{20} ÷ \boxed{2} = \boxed{}$

答え

② 赤いテープの長さは何cmですか。

式 $\boxed{} × \boxed{} = \boxed{}$

答え

2 白と青の2本のテープがあります。白いテープの長さは青いテープの4倍で，長さのちがいは75cmです。それぞれのテープの長さは何cmですか。

〔1問　10点〕

① 青いテープの長さは何cmですか。

式 $\boxed{75} ÷ \boxed{3} = \boxed{}$

答え

② 白いテープの長さは何cmですか。

式 $\boxed{} × \boxed{} = \boxed{}$

答え

3　みかんとりんごがあります。みかんの数はりんごの3倍で，数のちがいは24こだそうです。みかんとりんごの数はそれぞれ何こですか。　〔1問　10点〕

① りんごは何こありますか。

式

答え

② みかんは何こありますか。

式

答え

4　ぼく場に牛と馬がいます。牛の数は馬の4倍で，ちがいは45頭だそうです。牛と馬はそれぞれ何頭いますか。　〔1問　10点〕

① 馬は何頭いますか。

式

答え

② 牛は何頭いますか。

式

答え

5　そうまさんは，消しゴムと下じきを買いました。下じきのねだんは，消しゴムのねだんの3倍で，ちがいは120円だそうです。消しゴムと下じきのねだんはそれぞれ何円ですか。　〔1問　10点〕

① 消しゴムのねだんは何円ですか。

式

答え

② 下じきのねだんは何円ですか。

式

答え

©くもん出版

計算をまちがえないように，気をつけよう。

とく点　　点

47 いろいろな問題 ⑨

始め 》
時　分
》 終わり
時　分

むずかしさ
★ ★ ★

月　日　名前

1 ひろとさんは長さ10cmのテープをのりしろを2cmにして、2本つなぎました。全体の長さは何cmになりますか。　〔10点〕

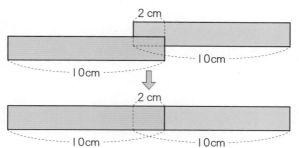

式　$\boxed{10} \times \boxed{2} - \boxed{2} = \boxed{}$

答え

2 つむぎさんは長さ10cmのテープをのりしろを2cmにして、3本つなぎました。全体の長さは何cmになりますか。　〔10点〕

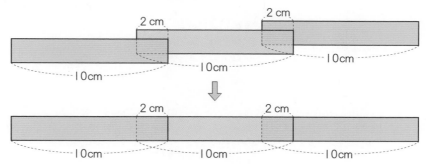

式　$2 \times 2 = 4$

$\boxed{10} \times \boxed{3} - \boxed{} = \boxed{}$

答え

3 かいとさんは長さ10cmのテープをのりしろを2cmにして，4本つなぎました。全体の長さは何cmになりますか。 〔20点〕

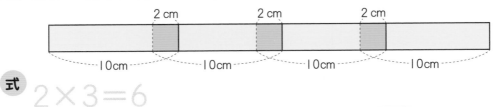

式 2×3＝6

答え

4 りおさんは長さ10cmのテープをのりしろを2cmにして，5本つなぎました。全体の長さは何cmになりますか。 〔20点〕

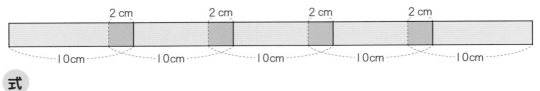

式

答え

5 ゆうきさんは長さ10cmのテープをのりしろを3cmにして，5本つなぎました。全体の長さは何cmになりますか。 〔20点〕

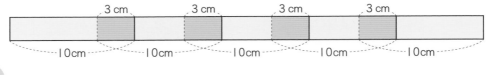

式

答え

6 みさきさんは長さ20cmのテープをのりしろを3cmにして，10本つなぎました。全体の長さは何cmになりますか。 〔20点〕

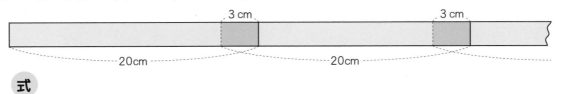

式

答え

©くもん出版

問題の読みまちがえは，なかったかな。気をつけよう。

とく点　　点

94

48 いろいろな問題 ⑩

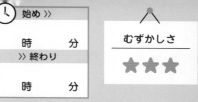

始め 》

時　　分

》終わり

時　　分

むずかしさ
★★★

月　日　名前

1　下のように，横の長さが25cmの絵を4まいはります。絵と絵の間や両はしのはばをどこも同じにしてはるには，何cmずつ間をあけてはればよいですか。〔10点〕

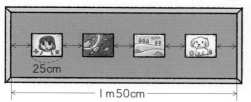

25cm

1m50cm

式

$25 \times 4 = 100$
$150 - 100 = 50$
$50 \div 5 =$

答え

2　下のように，横の長さが30cmの絵を5まいはります。絵と絵の間や両はしのはばをどこも同じにしてはるには，何cmずつ間をあけてはればよいですか。〔10点〕

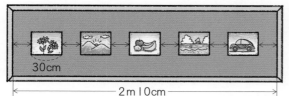

30cm

2m10cm

式　$30 \times 5 =$

答え

3　下のように，横の長さが40cmの絵を6まいはります。絵と絵の間や両はしのはばをどこも同じにしてはるには，何cmずつ間をあけてはればよいですか。〔20点〕

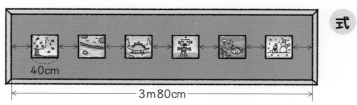

40cm

3m80cm

式

答え

4 下のように，横の長さが13mの部屋があります。そこに，横の長さが3mの長いすを4つならべて，ア，イ，ウ，エ，オのはばがどこも同じ長さになるようにおきます。ア，イ，ウ，エ，オの長さを何cmにすればよいですか。　〔20点〕

式

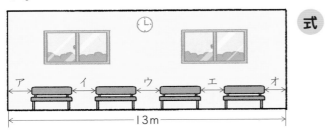

答え

5 横の長さが2m80cmのけいじ板があります。そこに，横の長さが38cmの絵を5まいならべてはろうと思います。絵と絵の間や両はしのはばはどこも同じにします。間の長さを何cmにすればよいですか。　〔20点〕

式

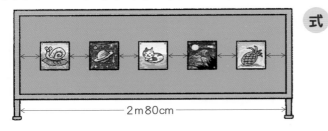

答え

6 横の長さが，ちょうど3mのけいじ板があります。そこに，横の長さが40cmの絵を4まいならべてはろうと思います。アのはばを，イのはばの2倍にしてはります。イのはばを何cmにすればよいですか。　〔20点〕

式

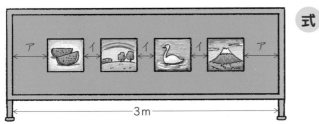

答え

次は，しんだんテストだよ。まちがえた問題は，もう一度やりなおしてみよう。

とく点　　点

49

しんだんテスト ①

月　日　名前

1　1本75円のボールペンがあります。450円では，このボールペンを何本買うことができますか。　　　　　　　　　　　　　　　　　　〔7点〕

式

答え

2　走りはばとびをしました。とおるさんは2.87m，みつるさんは3.23mとびました。どちらが何m遠くとびましたか。　　　　　　　　　　　〔7点〕

式

答え

3　りつさんは，1さつ145円のノート5さつと，60円の消しゴムを買いました。全部で代金は何円になりますか。　　　　　　　　　　　　　　　〔8点〕

式

答え

4　あめが24こあります。これをゆうなさんと妹の2人で分けることにしました。　　　　　　　　　　　　　　　　　　　　　　　　　〔1問　10点〕

① ゆうなさんのあめの数を□こ，妹のあめの数を○ことして，□と○の関係を式に書きましょう。

式

② ①の式で，○にあう数が13のとき，□にあう数はいくつですか。

答え

5 あるパン工場では，きのうは2782こ，きょうは4329このパンをつくりました。あわせると，およそ何千こになりますか。〔8点〕

式

答え

6 あいりさんの家では，きのうは$1\frac{4}{7}$L，きょうは$1\frac{5}{7}$Lの牛にゅうを使いました。2日間で使った合計は何Lですか。〔10点〕

式

答え

7 63mのひもから16mのひもを3本切り取って使いました。ひもは何mのこっていますか。1つの式に表し，答えをもとめましょう。〔10点〕

式

答え

8 全部で324このみかんがあります。1組は58こ，2組は67こ食べました。のこりは何こですか。（　）を使って1つの式に表し，答えをもとめましょう。〔10点〕

式

答え

9 えん筆を1ダースとノートを2さつ買うと，840円でした。同じえん筆を1ダースと同じノートを4さつ買うと，1080円でした。〔1問　10点〕
① ノート1さつのねだんは何円ですか。

式

答え

② えん筆1本のねだんは何円ですか。

式

答え

これまでのまとめだよ。問題をよく読んで答えよう。

とく点　　　点

50

しんだんテスト ②

1　1こ428gのかんづめが24こあります。これを450gの箱に入れてもらうと，全体の重さは何gになりますか。1つの式に表し，答えをもとめましょう。　〔10点〕

式

答え

2　あめが320こあります。これを36こずつ箱につめます。何箱できて何このあめがあまりますか。　〔7点〕

式

答え

3　1本40円のえん筆の本数と代金について調べます。

①　えん筆の本数を□本，そのときの代金を○円として，代金をもとめる式を書きましょう。　〔7点〕

式

えん筆の本数(本)	1	2	3	4
代　金(円)	40	80	120	160

②　□にあう数が5のとき，○にあう数はいくつですか。　〔8点〕

答え

③　○にあう数が360のとき，□にあう数はいくつですか。　〔8点〕

答え

4　リボンが2.76mあります。このリボンを同じ長さずつ6人で分けると，1人分は何mになりますか。　〔10点〕

式

答え

5 油がかんに$1\frac{2}{5}$L，びんに$\frac{4}{5}$L入っています。ちがいは何Lですか。〔10点〕

式

答え

6 1しゅうが690mの池があります。れんさんはこの池のまわりを43しゅう走りました。れんさんはおよそ何m走ったことになりますか。上から1けたのがい数にして，積を見つもりましょう。〔10点〕

式

答え

7 5人がけのいすが15きゃく，8人がけのいすが25きゃくあります。このいす全部に人がすわると，何人すわれますか。1つの式に表し，答えをもとめましょう。〔10点〕

式

答え

8 50円と80円のえん筆をそれぞれ17本ずつ買いました。代金は何円になりますか。（　）を使って1つの式に表し，答えをもとめましょう。〔10点〕

式

答え

9 同じねだんのノートを6さつと，90円のボールペンを買ったら，全部で510円でした。ノート1さつのねだんは何円ですか。（　）を使って1つの式に表し，答えをもとめましょう。〔10点〕

式

答え

正しい式が書けたかな。

とく点　　点

51

しんだんテスト ③

月　日　名前

1 4年生325人が，バスで遠足に行きます。1台のバスには45人乗れます。バスは何台いりますか。　〔8点〕

式

答え _____

2 重さが$3\frac{7}{9}$kgの鉄のぼうと，$1\frac{4}{9}$kgの竹ざおがあります。あわせた重さは何kgですか。　〔7点〕

式

答え _____

3 リボンが18.2mあります。このリボンを28人で同じ長さになるように分けると，1人分の長さは何mになりますか。　〔8点〕

式

答え _____

4 重さ2.8kgの水そうに水を入れていって，全体の重さをはかります。

〔1問　7点〕

① 水の量を□L，全体の重さを○kgとして，□と○の関係を式に書きましょう。

式 _____

水の量(L)	1	2	3	4	5
全体の重さ(kg)	3.8	4.8	5.8	6.8	7.8

② □にあう数が7のとき，○にあう数はいくつですか。

答え _____

③ ○にあう数が8のとき，水の量は何Lになりますか。

答え _____

5 色紙を1人に15まいずつ33人に配ろうとしましたが，24まいたりませんでした。色紙は全部で何まいありましたか。1つの式に表し，答えをもとめましょう。 〔8点〕

式

答え

6 ぶどうが7kg820gとれました。このぶどうを380gずつふくろに入れるとすると，ふくろはおよそ何まい用意すればよいですか。上から1けたのがい数にして，商を見つもりましょう。 〔8点〕

式

答え

7 あめをかほさんは34こ，妹は28こ持っています。かほさんが妹に何こあげると，2人のあめの数が同じになりますか。 〔10点〕

式

答え

8 みなとさんとももかさんで，おりづるをあわせて75わつくりました。みなとさんのほうがももかさんより15わ多くつくりました。みなとさんとももかさんはそれぞれ何わずつおりづるをつくりましたか。 〔20点〕

式

答え　みなと：　　　　　　　ももか：

9 1.36mの鉄のぼうを2つに切って，長いほうの長さが短いほうの長さの3倍になるようにします。長いほうは何mにすればよいですか。 〔10点〕

式

答え

さい後まで，がんばったね。まちがえた問題は，もう一度やりなおしてみよう。

とく点　　　点

4年生　文章題

※〔　〕は，他の式の立て方や答え方です。

1　3年生のふく習 ①　1・2ページ

1 ①$276＋328＝604$　答え 604人

②$328－276＝52$

答え 4年生のほうが52人多い。

2　答え 午前11時5分

3 $\frac{5}{7}－\frac{3}{7}＝\frac{2}{7}$

答え たくみさんのほうが$\frac{2}{7}$L多い。

4 $1.3＋1.5＝2.8$　答え 2.8km

5 $45×32＝1440$　答え 1440円

6 $42÷6＝7$　答え 7つ

7 $245×12＝2940$　答え 2940円

8 $□＋24＝212$，$212－24＝188$

答え 188まい

9 $9×4＝36$，$36÷6＝6$　答え 6人

10 $16×12＝192$，$192＋35＝227$

答え 227こ

2　3年生のふく習 ②　3・4ページ

1 ①$5473＋3568＝9041$　答え 9041人

②$5473－3568＝1905$

答え 大人のほうが1905人多い。

2　答え 午前9時40分

3 $600m＋600m＝1km200m$

答え 1km200m

4 $320×27＝8640$　答え 8640円

5 $48÷6＝8$　答え 8たば

6 $98÷3＝32$あまり2

答え 32人に配ることができて，2こあまる。

7 $\frac{1}{5}＋\frac{3}{5}＝\frac{4}{5}$　答え $\frac{4}{5}$L

8 $1.4－0.8＝0.6$　答え 0.6m

9 $350g＋2kg850g＝3kg200g$

答え 3kg200g

10 $12＋4＝16$，$16÷2＝8$　答え 8m

11 $25－1＝24$，$18×24＝432$　答え 432m

とき方

10　あわせた数とちがいの数をたし，その数を2でわると，多い方の数になります。

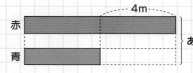

11　「木の間の長さ」と「木の間の数」をかけてもとめます。「木の間の数」は，木がまっすぐ1列にならんでいる場合，木の数より1少なくなります。

3　わり算 ①　5・6ページ

1 $30÷3＝10$　答え 10まい

2 $60÷3＝20$　答え 20まい

3 $60÷2＝30$　答え 30こ

4 $120÷3＝40$　答え 40こ

5 $480÷6＝80$　答え 80cm

⑥ $80 \div 4 = 20$　　答え 20人

⑦ $90 \div 3 = 30$　　答え 30人

⑧ $280 \div 4 = 70$　　答え 70人

⑨ $300 \div 5 = 60$　　答え 60ぷくろ

⑩ $200 \div 4 = 50$　　答え 50人

4　わり算　②　　7・8ページ

① $33 \div 3 = 11$　　答え 11まい

② $48 \div 4 = 12$　　答え 12こ

③ $64 \div 2 = 32$　　答え 32まい

④ $60 \div 4 = 15$　　答え 15こ

⑤ $93 \div 3 = 31$　　答え 31本

⑥ $70 \div 5 = 14$　　答え 14ふくろ

⑦ $96 \div 6 = 16$　　答え 16たば

⑧ $68 \div 4 = 17$　　答え 17本

⑨ $95 \div 5 = 19$　　答え 19

⑩ $84 \div 4 = 21$　　答え 21回

5　わり算　③　　9・10ページ

① $220 \div 4 = 55$　　答え 55まい

② $186 \div 6 = 31$　　答え 31こ

③ $145 \div 5 = 29$　　答え 29こ

④ $228 \div 3 = 76$　　答え 76まい

⑤ $140 \div 4 = 35$　　答え 35cm

⑥ $330 \div 6 = 55$　　答え 55円

⑦ $126 \div 3 = 42$　　答え 42円

⑧ $210 \div 6 = 35$　　答え 35円

⑨ $525 \div 5 = 105$　　答え 105円

⑩ $496 \div 4 = 124$　　答え 124円

6　わり算　④　　11・12ページ

① $30 \div 4 = 7$ あまり 2

答え 7本とれて，2mあまる。

② $65 \div 4 = 16$ あまり 1

答え 16本とれて，1mあまる。

③ $67 \div 5 = 13$ あまり 2

答え 13ふくろできて，2こあまる。

④ $90 \div 7 = 12$ あまり 6

答え 12ふくろできて，6こあまる。

⑤ $83 \div 5 = 16$ あまり 3

答え 16人に分けられて，3本あまる。

⑥ $70 \div 3 = 23$ あまり 1

答え 1人分は23まいで，1まいあまる。

⑦ $75 \div 7 = 10$ あまり 5

答え 1人分は10まいで，5まいあまる。

⑧ $80 \div 3 = 26$ あまり 2

答え 1人分は26まいで，2まいあまる。

⑨ $140 \div 3 = 46$ あまり 2

答え 1人分は46本で，2本あまる。

⑩ $270 \div 8 = 33$ あまり 6

答え 1箱に33こずつで，6こあまる。

ポイント

あまりのあるわり算の問題です。あまりは，わる数より小さくなることに注意します。答え方にも気をつけましょう。

とき方

⑥　問題文が「1人分は何まいになりますか。また，何まいあまりますか。」なので，「1人分は○まいで，□まいあまる。」と答えます。

7　わり算　⑤

13・14ページ

1. $36 \div 9 = 4$　答え 4倍
2. $24 \div 6 = 4$　答え 4倍
3. $27 \div 3 = 9$　答え 9倍
4. $40 \div 8 = 5$　答え 5倍
5. $42 \div 7 = 6$　答え 6倍
6. $48 \div 4 = 12$　答え 12倍
7. $96 \div 8 = 12$　答え 12倍
8. $65 \div 5 = 13$　答え 13倍
9. $42 \div 3 = 14$　答え 14倍
10. $96 \div 6 = 16$　答え 16倍

ポイント

もとにする大きさの「何倍か」をもとめるときは，わり算を使います。

とき方

1　問題文を図に表すと，式を考えやすくなります。

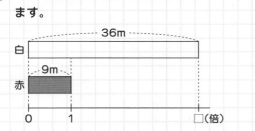

8　わり算　⑥

15・16ページ

1. $18 \div 3 = 6$　答え 6 m
2. $24 \div 3 = 8$　答え 8こ
3. $48 \div 6 = 8$　答え 8ページ
4. $25 \div 5 = 5$　答え 5さつ
5. $36 \div 4 = 9$　答え 9まい
6. $48 \div 4 = 12$　答え 12まい

7. $96 \div 8 = 12$　答え 12こ
8. $72 \div 6 = 12$　答え 12まい
9. $108 \div 4 = 27$　答え 27ひき
10. $140 \div 5 = 28$　答え 28kg

とき方

2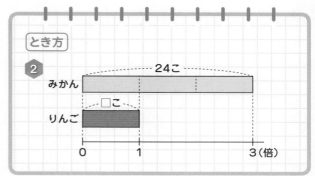

9　わり算　⑦

17・18ページ

1. $16 \div 2 = 8$　答え 8人
2. $60 \div 20 = 3$　答え 3人
3. $80 \div 20 = 4$　答え 4人
4. $120 \div 40 = 3$　答え 3こ
5. $240 \div 80 = 3$　答え 3本
6. $16 \div 2 = 8$　答え 8まい
7. $60 \div 20 = 3$　答え 3まい
8. $80 \div 20 = 4$　答え 4こ
9. $120 \div 30 = 4$　答え 4本
10. $240 \div 80 = 3$　答え 3 L

10　わり算　⑧

19・20ページ

1. $62 \div 20 = 3$ あまり 2

   答え 3たばできて，2まいあまる。

2. $68 \div 24 = 2$ あまり20

   答え 2人に分けられて，20本あまる。

③ 98÷12＝8あまり2

答え 8箱できて，2こあまる。

④ 126÷28＝4あまり14

答え 4まいずつで，14まいあまる。

⑤ 240÷36＝6あまり24

答え 6こずつで，24こあまる。

⑥ 200÷15＝13あまり5

答え 13まい買えて，5円あまる。

⑦ 374÷25＝14あまり24

答え 14箱できて，24こあまる。

⑧ 256÷12＝21あまり4

答え 21箱できて，4本あまる。

⑨ 147÷13＝11あまり4

答え 11本ずつで，4本あまる。

⑩ 196÷16＝12あまり4

答え 12こずつで，4このこる。

11　わり算　⑨　　21・22ページ

① 80÷12＝6あまり8 　答え 6まい

② 65÷25＝2あまり15 　答え 2箱

③ 260÷50＝5あまり10 　答え 5本

④ 190÷15＝12あまり10 　答え 12たば

⑤ 285÷20＝14あまり5 　答え 14箱

⑥ 90÷30＝3 　答え 3まい

⑦ 96÷30＝3あまり6 　答え 4まい

⑧ 125÷4＝31あまり1 　答え 32きゃく

⑨ 240÷35＝6あまり30 　答え 7回

⑩ 660÷13＝50あまり10 　答え 51回

ポイント

問題文をよく読んで，答えにあまりの分として，1をたすか，たさないかを考えます。

とき方

② わり算の答えは2あまり15です。あまりの15こでは，25こ入りの箱はできないので，答えは2箱です。

⑧ あまりの1人がすわるためには，いすがあと1きゃくひつようなので，答えは31＋1＝32（きゃく）になります。

12　がい数の計算　①　　23・24ページ

① 20000＋30000＝50000

答え およそ50000人

② 30000＋30000＝60000

答え およそ60000人

③ 130000＋110000＝240000

答え およそ240000人

④ 40000＋60000＝100000

答え およそ100000円

⑤ 1000＋3000＝4000

答え およそ4000円

⑥ 32000－28000＝4000

答え およそ4000人

⑦ 30000－20000＝10000

答え およそ10000人

⑧ 130000－110000＝20000

答え およそ20000人

⑨ 60000－40000＝20000

答え およそ20000円

⑩ $3000-2000=1000$

答え およそ1000こ

ポイント

何の位までのがい数にして式を立てればよいかを考えます。

とき方

② 問題文が「およそ何万人ですか。」なので，一万の位までのがい数にして式を立てます。千の位の数字を四捨五入します。

⑤ 問題文が「およそ何千円になりますか。」なので，千の位までのがい数にして式を立てます。百の位の数字を四捨五入します。

13 がい数の計算 ② 25・26ページ

① $800×50=40000$ 答え およそ40000m

② $90×400=36000$ 答え およそ36000kg

③ $200×500=100000$

$100000cm=1000m$

答え およそ1000m

④ $400×300=120000$

答え およそ120000円

⑤ $300×400=120000$

$120000g=120kg$ 答え およそ120kg

⑥ $40000÷800=50$ 答え およそ50さつ

⑦ $7000÷500=14$ 答え およそ14ふくろ

⑧ $4000÷40=100$, 100分＝1時間40分

答え およそ1時間40分

⑨ $6000÷300=20$ 答え およそ20本

⑩ $40000÷800=50$ 答え およそ50しゅう

ポイント

問題文が「上から1けたのがい数にして」なので，上から2けた目の数字を四捨五入して式を立てます。

とき方

③ 問題文が「積を見つもりましょう。」なので，式はかけ算です。

⑧ 問題文が「商を見つもりましょう。」なので，式はわり算です。

14 かわり方調べの問題 ① 27・28ページ

① ①
ひかりさんの数（□本）	1	2	3	4
妹の数　（○本）	11	10	9	8

②12本　　　③□＋○＝12

④7　　　　⑤9

② ①□＋○＝24　②11　　③12

③ ①
りくとさんの年れい（オ）	8	9	10	11
おじいさんの年れい（オ）	58	59	60	61

②□＋50＝○　③70　　④15

④ ①□＋0.8＝○　②4.5kg　③0.8kg

ポイント

2つの量の関係を，表に表して考えます。

とき方

① ひかりさんの本数が1ふえると，妹の本数が1へります。2人の本数をあわせると，いつも12本になります。

③ たんじょう日が同じなので，りくとさんの年れいが1ふえると，おじいさんの年れいも1ふえます。

15 かわり方調べの問題 ② 29・30ページ

1 ①
切手のまい数(□まい)	1	2	3	4
代　金　　(○円)	20	40	60	80

②20×□=○　　③140　　④12

2 ①150×□=○　　②1200　　③5

3 ①□+○=25　　②17

4 ①□+45=○　　②45g

5 ①130×□=○　　②13

とき方

3 表に表すと，次のようになります。

コップの量(□dL)	1	2	3	4
びんの量　(○dL)	24	23	22	21

コップの量が1dLふえると，びんの量は1dLへります。表をたてに見ると，2つの数の和は，いつも25になっています。

---

16 かわり方調べの問題 ③ 31・32ページ

1 ①
	あ	い	う	え	お
横の長さ(□cm)	1	2	3	4	5
たての長さ(○cm)	6	5	4	3	2

②1cmずつへる。③7cm

④□+○=7　　⑤1　　　⑥4

2 ①
正三角形の数(□こ)	1	2	3	4
まわりの長さ(○cm)	3	4	5	6

②1cm　　③2　　④□+2=○

3 ①
正方形の数(□こ)	1	2	3	4	5
たてと横の長さの和(○cm)	2	3	4	5	6

②□+1=○

とき方

3 正方形の数が1つふえると，たてと横の長さの和は1cmふえます。また，たてと横の長さの和は，いつも正方形の数より1多くなっています。

---

17 かわり方調べの問題 ④ 33・34ページ

1 ①
1辺の長さ(□cm)	1	2	3	4
まわりの長さ(○cm)	3	6	9	12

②3倍　③□×3=○　④24　⑤6

2 ①□×4=○　　②32　　③6

3 ①
だんの数　(□だん)	1	2	3	4
まわりの長さ(○cm)	4	8	12	16

②□×4=○　　③28

とき方

2 表に表すと，次のようになります。

1辺の長さ　(□cm)	1	2	3	4
まわりの長さ(○cm)	4	8	12	16

正方形は，4つの辺の長さがすべて等しいので，まわりの長さは1辺の長さの4倍です。

---

18 かんたんな割合 35・36ページ

1 ①30÷10=3　　　答え 3倍

②40÷20=2　　　答え 2倍

③Aのゴム

2 （キャベツ）280÷140=2

（ホウレンソウ）210÷70=3

答え ホウレンソウ

③ （Aのゴム）20÷5＝4

（Bのゴム）30÷15＝2　　答え　Aのゴム

④ （ほけん室にあったほうたい）

60÷30＝2

（家にあったほうたい）40÷10＝4

答え　家にあったほうたい

⑤ （りんご）180÷90＝2

（トマト）135÷45＝3　　答え　トマト

ポイント
「何倍か」を表す数を割合といいます。倍を使ってくらべます。

とき方

① のびた長さはどちらも20cmですが，もとの長さの何倍かをくらべることで，どちらがよくのびたかがわかります。

19　　小数の問題　①　　37・38ページ

① 0.3＋1.2＝1.5　　答え　1.5kg

② 1.5＋0.4＝1.9　　答え　1.9kg

③ 2.6＋0.2＝2.8　　答え　2.8m

④ 1.6＋0.7＝2.3　　答え　2.3kg

⑤ 1.8＋0.3＝2.1　　答え　2.1kg

⑥ 0.51＋1.32＝1.83　　答え　1.83kg

⑦ 28.52＋31.46＝59.98　　答え　59.98kg

⑧ 2.65＋0.24＝2.89　　答え　2.89L

⑨ 2.32＋0.85＝3.17　　答え　3.17m

⑩ 1.45＋0.25＝1.7　　答え　1.7kg

ポイント
小数のたし算の筆算は，小数点の位置をそろえて計算します。小数点のつけわすれに注意しましょう。

20　　小数の問題　②　　39・40ページ

① 600g＝0.6kg，0.6＋1.5＝2.1

答え　2.1kg

② 80cm＝0.8m，1.5＋0.8＝2.3

答え　2.3m

③ 7dL＝0.7L，2.5＋0.7＝3.2

答え　3.2L

④ 70cm＝0.7m，2.6＋0.7＝3.3

答え　3.3m

⑤ 700g＝0.7kg，2.8＋0.7＝3.5

答え　3.5kg

⑥ 650g＝0.65kg，0.65＋3.5＝4.15

答え　4.15kg

⑦ 80cm＝0.8m，5.45＋0.8＝6.25

答え　6.25m

⑧ 6dL＝0.6L，2.67＋0.6＝3.27

答え　3.27L

⑨ 9cm＝0.09m，2.85＋0.09＝2.94

答え　2.94m

⑩ 450g＝0.45kg，2.8＋0.45＝3.25

答え　3.25kg

21　小数の問題　③　　41・42ページ

1 $1.5-0.3=1.2$　　　答え 1.2 L

2 $2.6-1.4=1.2$　　　答え 1.2 m

3 $1.8-1.5=0.3$　　　答え 0.3kg

4 $3.2-2.8=0.4$　　　答え 0.4 m

5 $1.2-0.4=0.8$　　　答え 0.8kg

6 $1.57-0.23=1.34$　　答え 1.34 L

7 $2.65-1.42=1.23$　　答え 1.23m

8 $4.65-1.7=2.95$　　答え 2.95kg

9 $3.62-3.18=0.44$　　答え 0.44m

10 $1.25-0.4=0.85$　　答え 0.85m

22　小数の問題　④　　43・44ページ

1 $1-0.7=0.3$　　　答え 0.3kg

2 $2.3-0.3=2$　　　答え 2 m

3 $200g=0.2kg$, $2.1-0.2=1.9$

答え 1.9kg

4 $8dL=0.8L$, $2-0.8=1.2$

答え 1.2 L

5 $60cm=0.6m$, $2.3-0.6=1.7$

答え 1.7m

6 $41-3.51=37.49$　　答え 37.49kg

7 $2.35-0.3=2.05$　　答え 2.05m

8 $250g=0.25kg$, $2.1-0.25=1.85$

答え 1.85kg

9 $550g=0.55kg$, $39.27-0.55=38.72$

答え 38.72kg

10 $630g=0.63kg$, $32.5-0.63=31.87$

答え 31.87kg

23　小数の問題　⑤　　45・46ページ

1 $0.2\times3=0.6$　　　答え 0.6 L

2 $0.3\times5=1.5$　　　答え 1.5m

3 $0.7\times4=2.8$　　　答え 2.8kg

4 $1.8\times4=7.2$　　　答え 7.2 L

5 $2.5\times7=17.5$　　答え 17.5kg

6 $1.2\times15=18$　　　答え 18m

7 $2.4\times20=48$　　　答え 48m

8 $1.28\times6=7.68$　　答え 7.68kg

9 $0.35\times16=5.6$　　答え 5.6kg

10 $22.6\times35=791$　　答え 791g

24 小数の問題 ⑥　47・48ページ

1　$0.8 \div 4 = 0.2$　　答え 0.2 L

2　$1.8 \div 3 = 0.6$　　答え 0.6 L

3　$7.2 \div 8 = 0.9$　　答え 0.9 L

4　$7.5 \div 5 = 1.5$　　答え 1.5 m

5　$28.2 \div 6 = 4.7$　　答え 4.7 kg

6　$4.92 \div 6 = 0.82$　　答え 0.82 m

7　$0.316 \div 4 = 0.079$　　答え 0.079 m

8　$2.6 \div 13 = 0.2$　　答え 0.2 km

9　$17.5 \div 35 = 0.5$　　答え 0.5 kg

10　3週間＝21日，$48.3 \div 21 = 2.3$

答え 2.3 kg

とき方

5　図に表すと，次のようになります。

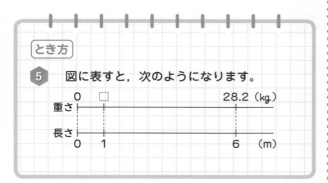

25 小数の問題 ⑦　49・50ページ

1　$17.5 \div 3 = 5$ あまり2.5

答え 5本できて，2.5 m あまる。

2　$45.8 \div 6 = 7$ あまり3.8

答え 7かんできて，3.8 L あまる。

3　$61.5 \div 5 = 12$ あまり1.5

答え 12ふくろできて，1.5 kg あまる。

4　$31.2 \div 4 = 7$ あまり3.2

答え 7本できて，3.2 L あまる。

5　$96.4 \div 7 = 13$ あまり5.4

答え 13本できて，5.4 m あまる。

6　$73.5 \div 14 = 5$ あまり3.5

答え 5ふくろできて，3.5 kg あまる。

7　$61.8 \div 15 = 4$ あまり1.8

答え 4本できて，1.8 m あまる。

8　$92.8 \div 18 = 5$ あまり2.8

答え 5つできて，2.8 L あまる。

9　$118.5 \div 12 = 9$ あまり10.5

答え 9箱できて，10.5 kg あまる。

10　$120.6 \div 11 = 10$ あまり10.6

答え 10こできて，10.6 L あまる。

26 小数の問題 ⑧　51・52ページ

1　$12 \div 8 = 1.5$　　答え 1.5 L

2　$6 \div 4 = 1.5$　　答え 1.5 m

3　$21 \div 6 = 3.5$　　答え 3.5 kg

4　$4 \div 5 = 0.8$　　答え 0.8 L

5　$42 \div 12 = 3.5$　　答え 3.5 m

6　$35 \div 14 = 2.5$　　答え 2.5 kg

7　$63 \div 15 = 4.2$　　答え 4.2 kg

8　$30 \div 8 = 3.75$　　答え 3.75 m

9　$20 \div 16 = 1.25$　　答え 1.25 L

10　$56 \div 32 = 1.75$　　答え 1.75 m

ポイント

わり算の筆算では，わりきれるまで続けるために，わられる数に0を書きたして計算します。

```
     1.5  ←商
  4)6.0   ←わられる数
    4
    2 0
    2 0
      0
```

とき方

4 4を4.0と考えて計算します。

27 小数の問題 ⑨ 53・54ページ

1 $5 \div 2 = 2.5$ 答え 2.5倍

2 $10 \div 4 = 2.5$ 答え 2.5倍

3 $56 \div 35 = 1.6$ 答え 1.6倍

4 $360 \div 240 = 1.5$ 答え 1.5倍

5 $165 \div 150 = 1.1$ 答え 1.1倍

6 $45 \div 25 = 1.8$ 答え 1.8倍

7 $91 \div 65 = 1.4$ 答え 1.4倍

8 $63 \div 18 = 3.5$ 答え 3.5倍

9 $270 \div 150 = 1.8$ 答え 1.8倍

10 $144 \div 32 = 4.5$ 答え 4.5倍

ポイント

小数を使って「何倍か」を表します。整数のときと同じで，わり算でもとめます。答えには「倍」をつけましょう。

とき方

2 図に表すと，次のようになります。もとにする大きさは4mです。

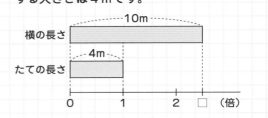

28 分数の問題 ① 55・56ページ

1 $\frac{2}{5} + \frac{1}{5} = \frac{3}{5}$ 答え $\frac{3}{5}$m

2 $\frac{3}{5} + \frac{1}{5} = \frac{4}{5}$ 答え $\frac{4}{5}$L

3 $\frac{5}{8} + \frac{2}{8} = \frac{7}{8}$ 答え $\frac{7}{8}$km²

4 $\frac{4}{9} + \frac{7}{9} = \frac{11}{9} = 1\frac{2}{9}$ 答え $1\frac{2}{9}$m $\left(\frac{11}{9}m\right)$

5 $\frac{2}{4} + \frac{3}{4} = \frac{5}{4} = 1\frac{1}{4}$ 答え $1\frac{1}{4}$kg $\left(\frac{5}{4}kg\right)$

6 $\frac{4}{5} + \frac{3}{5} = \frac{7}{5} = 1\frac{2}{5}$ 答え $1\frac{2}{5}$km $\left(\frac{7}{5}km\right)$

7 $\frac{3}{5} + \frac{2}{5} = 1$ 答え 1m

8 $\frac{1}{3} + \frac{4}{3} = \frac{5}{3} = 1\frac{2}{3}$ 答え $1\frac{2}{3}$L $\left(\frac{5}{3}L\right)$

9 $\frac{7}{5} + \frac{2}{5} = \frac{9}{5} = 1\frac{4}{5}$ 答え $1\frac{4}{5}$kg $\left(\frac{9}{5}kg\right)$

10 $\frac{2}{4} + \frac{5}{4} = \frac{7}{4} = 1\frac{3}{4}$ 答え $1\frac{3}{4}$L $\left(\frac{7}{4}L\right)$

※答えを帯分数になおさなくてもよいとしている教科書もあります。

ポイント

分母が同じ分数のたし算は，分母はそのままで分子だけをたします。

29　分数の問題　②　57・58ページ

1　$1\frac{2}{3}+1=2\frac{2}{3}$　　答え $2\frac{2}{3}$ L

2　$4\frac{3}{4}+3=7\frac{3}{4}$　　答え $7\frac{3}{4}$ m

3　$\frac{1}{5}+1\frac{2}{5}=1\frac{3}{5}$　　答え $1\frac{3}{5}$ m

4　$3\frac{2}{10}+4\frac{5}{10}=7\frac{7}{10}$　　答え $7\frac{7}{10}$ m

5　$\frac{3}{10}+1\frac{4}{10}=1\frac{7}{10}$　　答え $1\frac{7}{10}$ kg

6　$2\frac{2}{7}+1\frac{3}{7}=3\frac{5}{7}$　　答え $3\frac{5}{7}$ kg

7　$1\frac{3}{5}+1\frac{4}{5}=2\frac{7}{5}=3\frac{2}{5}$　　答え $3\frac{2}{5}$ kg

8　$1\frac{2}{5}+2\frac{3}{5}=3\frac{5}{5}=4$　　答え 4 m

9　$3\frac{3}{5}+2\frac{4}{5}=5\frac{7}{5}=6\frac{2}{5}$　　答え $6\frac{2}{5}$ kg

10　$4\frac{5}{7}+1\frac{4}{7}=5\frac{9}{7}=6\frac{2}{7}$　　答え $6\frac{2}{7}$ L

ポイント
帯分数のたし算は，整数部分どうし，分数部分どうしをたします。

30　分数の問題　③　59・60ページ

1　$\frac{4}{5}-\frac{3}{5}=\frac{1}{5}$　　答え $\frac{1}{5}$ m

2　$\frac{6}{7}-\frac{2}{7}=\frac{4}{7}$　　答え $\frac{4}{7}$ L

3　$\frac{9}{10}-\frac{6}{10}=\frac{3}{10}$　　答え $\frac{3}{10}$ m

4　$\frac{12}{9}-\frac{5}{9}=\frac{7}{9}$　　答え $\frac{7}{9}$ m

5　$\frac{9}{5}-\frac{6}{5}=\frac{3}{5}$　　答え $\frac{3}{5}$ m

6　$3\frac{3}{4}-2=1\frac{3}{4}$　　答え $1\frac{3}{4}$ m

7　$2\frac{1}{5}-2=\frac{1}{5}$　　答え $\frac{1}{5}$ m

8　$3\frac{4}{5}-\frac{3}{5}=3\frac{1}{5}$　　答え $3\frac{1}{5}$ kg

9　$4\frac{2}{3}-1\frac{1}{3}=3\frac{1}{3}$　　答え $3\frac{1}{3}$ L

10　$1\frac{6}{7}-1\frac{1}{7}=\frac{5}{7}$　　答え $\frac{5}{7}$ L

31　分数の問題　④　61・62ページ

1　$4\frac{5}{9}-3\frac{1}{9}=1\frac{4}{9}$　　答え $1\frac{4}{9}$ m

2　$3\frac{2}{4}-2\frac{1}{4}=1\frac{1}{4}$　　答え $1\frac{1}{4}$ L

3　$6\frac{5}{6}-1\frac{4}{6}=5\frac{1}{6}$　　答え $5\frac{1}{6}$ kg

4　$3\frac{4}{5}-2\frac{2}{5}=1\frac{2}{5}$　　答え $1\frac{2}{5}$ m

5　$3\frac{6}{7}-2\frac{4}{7}=1\frac{2}{7}$　　答え $1\frac{2}{7}$ kg

6　$2\frac{1}{10}-\frac{4}{10}=1\frac{7}{10}$　　答え $1\frac{7}{10}$ kg

7　$8\frac{1}{4}-\frac{2}{4}=7\frac{3}{4}$　　答え $7\frac{3}{4}$ kg

8　$8\frac{2}{4}-4\frac{3}{4}=3\frac{3}{4}$　　答え $3\frac{3}{4}$ kg

9　$20-4\frac{2}{5}=15\frac{3}{5}$　　答え $15\frac{3}{5}$ L

10　$5\frac{1}{5}-1\frac{3}{5}=3\frac{3}{5}$　　答え $3\frac{3}{5}$ L

ポイント
分数部分でひけないときは，整数部分からくり下げて計算します。

32 1つの式でとく問題 ① 63・64ページ

1 ①50+80=130 **答え** 130円

②200−130=70 **答え** 70円

③200−(50+80)=70 **答え** 70円

2 500−(80+160)=260 **答え** 260円

3 200−(70+120)=10 **答え** 10円

4 1000−(250+350)=400 **答え** 400円

5 350−(85+90)=175 **答え** 175ページ

6 ①600−30=570 **答え** 570円

②1000−(600−30)=430 **答え** 430円

7 1000−(850−50)=200 **答え** 200円

ポイント

まずは，代金がいくらになるかを考えます。
代金の部分を（ ）を使って表すと，1つの
式になります。

とき方

3 代金は，消しゴムの70円とノートの120
円をあわせたねだんなので，(70+120)で
す。

7 代金は，850円から安くなった50円をひ
いたねだんです。

33 1つの式でとく問題 ② 65・66ページ

1 10×(6+8)=140 **答え** 140まい

2 5×(7+6)=65 **答え** 65こ

3 30×(5+7)=360 **答え** 360円

4 70×(12+5)=1190 **答え** 1190円

5 80×(15+4)=1520 **答え** 1520円

6 (70+15)×7=595 **答え** 595円

7 (30+60)×7=630 **答え** 630円

8 (35+55)×38=3420 **答え** 3420円

9 (85−5)×70=5600 **答え** 5600円

10 15×(36−4)=480 **答え** 480まい

ポイント

ひとまとまりにできる数を，（ ）を使って
表します。（ ）のある式では，（ ）の中を
先に計算します。

とき方

3 おかしの数をひとまとまりとみて，（ ）を
使って表します。

9 安くなったりんご1このねだんを，（ ）を
使って表します。

34 1つの式でとく問題 ③ 67・68ページ

1 720÷(40+50)=8 **答え** 8組

2 960÷(60+20)=12 **答え** 12組

3 510÷(60+25)=6 **答え** 6組

4 760÷(50+45)=8 **答え** 8組

5 (25+20)÷15=3 **答え** 3まい

6 (60+30)÷6=15 **答え** 15こ

7 (450+510)÷3=320 **答え** 320円

8 (24+28+32)÷3=28 **答え** 28こ

9 (46−4)÷6=7 **答え** 7こ

35 1つの式でとく問題 ④ 69・70ページ

1 120+70×3=330 **答え** 330円

2 500+80×5=900 **答え** 900円

3 300+20×5=400 **答え** 400円

④ $400 \times 2 + 460 = 1260$ 答え 1260 g

⑤ $5 \times 30 + 12 = 162$ 答え 162 まい

⑥ $100 - 30 \times 3 = 10$ 答え 10 円

⑦ $500 - 120 \times 3 = 140$ 答え 140 円

⑧ $1000 - 350 \times 2 = 300$ 答え 300 円

⑨ $300 - 6 \times 36 = 84$ 答え 84 まい

⑩ $96 - 20 \times 4 = 16$ 答え 16 本

> **ポイント**
> 式の中のかけ算は，たし算やひき算より先に計算します。

36 1つの式でとく問題 ⑤ 71・72ページ

① $200 + 600 \div 2 = 500$ 答え 500 円

② $1500 + 800 \div 2 = 1900$ 答え 1900 円

③ $450 + 720 \div 2 = 810$ 答え 810 円

④ $350 + 500 \div 2 = 600$ 答え 600 円

⑤ $250 + 860 \div 2 = 680$ 答え 680 円

⑥ $200 - 450 \div 3 = 50$ 答え 50 円

⑦ $800 - 700 \div 2 = 450$ 答え 450 円

⑧ $30 - 50 \div 2 = 5$ 答え 5 まい

⑨ $500 - 480 \div 2 = 260$ 答え 260 円

⑩ $1000 - 850 \div 2 = 575$ 答え 575 円

> **ポイント**
> 式の中のわり算は，かけ算のときと同じように，たし算やひき算より先に計算します。

37 1つの式でとく問題 ⑥ 73・74ページ

① $84 \div 6 \times 2 = 28$ 答え 28 こ

② $72 \div 8 \times 3 = 27$ 答え 27 こ

③ ①$900 \div (3 \times 2) = 150$ 答え 150 円

②$900 \div 2 \div 3 = 150$ 答え 150 円

④ ①$720 \div (6 \times 4) = 30$ 答え 30 円

②$720 \div 4 \div 6 = 30$ 答え 30 円

⑤ ①$90 \times (8 \div 2) = 360$ 答え 360 円

②$90 \div 2 \times 8 = 360$ 答え 360 円

⑥ $12 \times 8 \div 4 = 24$ 答え 24 まい

〔または$12 \times (8 \div 4) = 24$〕

⑦ $12 \times 15 \div 5 = 36$ 答え 36 本

〔または$12 \times (15 \div 5) = 36$〕

38 1つの式でとく問題 ⑦ 75・76ページ

① $80 \times 2 + 60 \times 5 = 460$ 答え 460 円

② $95 \times 4 + 80 \times 3 = 620$ 答え 620 円

③ $50 \times 5 + 80 \times 10 = 1050$ 答え 1050 円

④ $4 \times 8 + 3 \times 12 = 68$ 答え 68 人

⑤ $60 \times 4 + 200 \div 4 = 290$ 答え 290 円

⑥ $80 \times 2 + 480 \div 2 = 400$ 答え 400 円

⑦ $72 \div 9 - 42 \div 6 = 1$ 答え 1 まい

⑧ $160 \div 2 - 300 \div 4 = 5$ 答え 5 円

⑨ ①$(250 + 120) \times 4 = 1480$ 答え 1480 円

②$250 \times 4 + 120 \times 4 = 1480$

答え 1480 円

39　いろいろな問題 ① 77・78ページ

1 ①$220-140=80$　　答え 80円

②$140-80=60$　　答え 60円

〔または$220-80\times2=60$〕

2 ①$300-140=160$，$3-1=2$，

$160\div2=80$　　答え 80円

②$140-80=60$　　答え 60円

〔または$80\times3=240$，$300-240=60$〕

3 ①$280-180=100$，$4-2=2$，

$100\div2=50$　　答え 50円

②$50\times2=100$，$180-100=80$

答え 80円

〔または$50\times4=200$，$280-200=80$〕

4 ①$900-580=320$，$10-6=4$，

$320\div4=80$　　答え 80円

②$80\times6=480$，$580-480=100$

答え 100円

〔または$80\times10=800$，$900-800=100$〕

5 ①$380-260=120$，$5-2=3$，

$120\div3=40$　　答え 40円

②$40\times2=80$，$260-80=180$，

$180\div2=90$　　答え 90円

〔または$40\times5=200$，$380-200=180$，

$180\div2=90$〕

とき方

3　ノートを⑩，えん筆を⑪とすると，

⑩ ＋ ⑪⑪ ＝ 180円

⑩ ＋ ⑪⑪ ⑪⑪ ＝ 280円

180円　　　↑
$280-180=100$

図から，えん筆2本のねだんが100円であ
ることがわかります。えん筆1本のねだんは，
$100\div2=50$（円）です。

40　いろいろな問題 ② 79・80ページ

1 $11-1=10$，$10\div2=5$　　答え 5こ

2 $13-3=10$，$10\div2=5$　　答え 5こ

3 $24-4=20$，$20\div2=10$　　答え 10こ

4 ①$50-12=38$，$38\div2=19$　答え 19こ

②$19+12=31$　　答え 31こ

5 $53-13=40$，$40\div2=20$

$20+13=33$

答え みかん：33こ　りんご：20こ

6 $50-6=44$，$44\div2=22$

$22+6=28$　　答え たくみ：28まい

ひかり：22まい

41　いろいろな問題 ③　81・82ページ

1 $10-1=9$，$10+1=11$，
$11-9=2$　　答え 2まい

2 $20-1=19$，$20+1=21$，
$21-19=2$　　答え 2こ

3 $20-2=18$，$20+2=22$，
$22-18=4$　　答え 4こ

4 $20-3=17$，$20+3=23$，
$23-17=6$　　答え 6こ

5 $8÷2=4$　　答え 4こ

6 $12-6=6$，$6÷2=3$　答え 3こ
〔または$12+6=18$，$18÷2=9$，
$12-9=3$〕

7 $76-48=28$，$28÷2=14$　答え 14まい
〔または$76+48=124$，$124÷2=62$，
$76-62=14$〕

8 $6×2=12$，$52-12=40$　答え 40こ
〔または$52-6=46$，$46×2=92$，
$92-52=40$〕

42　いろいろな問題 ④　83・84ページ

1 ①$300-60=240$　答え 240円
②$240÷3=80$　答え 80円

2 ①$200-80=120$　答え 120円
②$120÷4=30$　答え 30円
③$(200-80)÷4=30$　答え 30円

3 $(460-250)÷3=70$　答え 70円

4 $(630-450)÷2=90$　答え 90円

5 $(420+30)÷6=75$　答え 75円

6 $(700+20)÷8=90$　答え 90円

43　いろいろな問題 ⑤　85・86ページ

1　①12－4＝8　　答え 8こ

　　②8×3＝24　　答え 24こ

2　①8－2＝6　　答え 6まい

　　②6×4＝24　　答え 24まい

3　(18－8)×5＝50　答え 50こ

4　(23－5)×6＝108　答え 108こ

5　(5＋12)×32＝544　答え 544まい

6　(14＋6)×28＝560　答え 560まい

とき方

4　おはじきの全部の数は，1人分のおはじきの数の6人分です。1人分のおはじきの数を（　）で表すと，1つの式になります。

5　まずは，ひろとさんに配られた作文用紙のまい数を考えて，（　）を使って1つの式に表します。

44　いろいろな問題 ⑥　87・88ページ

1　(1)①72÷3＝24　　答え 24m

　　　②24÷2＝12　　答え 12m

　　(2)①3×2＝6　　答え 6倍

　　　②72÷6＝12　　答え 12m

2　①2×4＝8　　答え 8倍

　　②24÷8＝3　　答え 3m

3　60÷(2×3)＝10　答え 10kg

4　48÷(3×4)＝4　答え 4こ

5　36÷(2×2)＝9　答え 9まい

45　いろいろな問題 ⑦　89・90ページ

1　①60÷3＝20　　答え 20cm

　　②20×2＝40　　答え 40cm

2　①80÷4＝20　　答え 20cm

　　②20×3＝60　　答え 60cm

3　①90÷3＝30　　答え 30cm

　　②30×2＝60　　答え 60cm

4　①45÷3＝15　　答え 15こ

　　②15×2＝30　　答え 30こ

5　①600÷4＝150　答え 150円

　　②150×3＝450　答え 450円

とき方

1　問題の図のように，短いテープの長さを1とみると，長いテープの長さは2です。全体の長さは3なので，60cmを3等分した長さが，短いテープの長さになります。

5　ものさしのねだんを1とみると，筆箱のねだんは3です。全体のねだんは4なので，ものさしのねだんは600円を4等分した金がくになります。

46　いろいろな問題 ⑧　91・92ページ

1　①20÷2＝10　　答え 10cm

　　②10×3＝30　　答え 30cm

2　①75÷3＝25　　答え 25cm

　　②25×4＝100　答え 100cm

3 ①$24 \div 2 = 12$　**答え** 12こ

　　②$12 \times 3 = 36$　**答え** 36こ

4 ①$45 \div 3 = 15$　**答え** 15頭

　　②$15 \times 4 = 60$　**答え** 60頭

5 ①$120 \div 2 = 60$　**答え** 60円

　　②$60 \times 3 = 180$　**答え** 180円

ポイント

図に表して考えると，わかりやすくなります。

とき方

3　24こを2等分した数が，りんごの数になります。

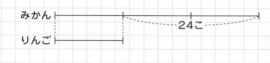

47　いろいろな問題 ⑨　93・94ページ

1 $10 \times 2 - 2 = 18$　**答え** 18cm

2 $2 \times 2 = 4$，$10 \times 3 - 4 = 26$

　　答え 26cm

3 $2 \times 3 = 6$，$10 \times 4 - 6 = 34$

　　答え 34cm

　〔または$10 - 2 = 8$，$8 \times 3 + 10 = 34$〕

4 $2 \times 4 = 8$，$10 \times 5 - 8 = 42$

　　答え 42cm

　〔または$10 - 2 = 8$，$8 \times 4 + 10 = 42$〕

5 $3 \times 4 = 12$，$10 \times 5 - 12 = 38$

　　答え 38cm

　〔または$10 - 3 = 7$，$7 \times 4 + 10 = 38$〕

6 $3 \times 9 = 27$，$20 \times 10 - 27 = 173$

　　　　答え 173cm

　〔または$20 - 3 = 17$，$17 \times 9 + 20 = 173$〕

48　いろいろな問題 ⑩　95・96ページ

1 $25 \times 4 = 100$，$150 - 100 = 50$，

　　$50 \div 5 = 10$　**答え** 10cm

2 $30 \times 5 = 150$，$210 - 150 = 60$，

　　$60 \div 6 = 10$　**答え** 10cm

3 $40 \times 6 = 240$，$380 - 240 = 140$，

　　$140 \div 7 = 20$　**答え** 20cm

4 $3 \times 4 = 12$，$13 - 12 = 1$，

　　$100 \div 5 = 20$　**答え** 20cm

5 $38 \times 5 = 190$，$280 - 190 = 90$，

　　$90 \div 6 = 15$　**答え** 15cm

6 $40 \times 4 = 160$，$300 - 160 = 140$，

　　$140 \div 7 = 20$　**答え** 20cm

とき方

6　けいじ板の長さから，絵の合計の長さをひくと，アのはばとイのはばの合計の長さになります。アのはばは，イのはばの2倍の長さなので，アのはばとイのはばの合計の長さを7等分した長さが，イのはばの長さになります。

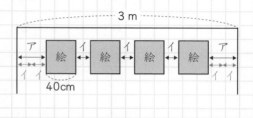

49　しんだんテスト ①　97・98ページ

1 $450 \div 75 = 6$　**答え** 6本

2 $3.23 - 2.87 = 0.36$
答え みつるさんのほうが0.36m遠くとんだ。

3 $145 \times 5 + 60 = 785$　**答え** 785円

4 ①$\square + \bigcirc = 24$　②11

5 $3000 + 4000 = 7000$
答え およそ7000こ

6 $1\frac{4}{7} + 1\frac{5}{7} = 3\frac{2}{7}$　**答え** $3\frac{2}{7}$L

7 $63 - 16 \times 3 = 15$　**答え** 15m

8 $324 - (58 + 67) = 199$
答え 199こ

9 ①$1080 - 840 = 240$,　$4 - 2 = 2$
$240 \div 2 = 120$　**答え** 120円
②$120 \times 2 = 240$,　$840 - 240 = 600$,
$600 \div 12 = 50$　**答え** 50円
〔または$120 \times 4 = 480$,
$1080 - 480 = 600$,　$600 \div 12 = 50$〕

50　しんだんテスト ②　99・100ページ

1 $428 \times 24 + 450 = 10722$　**答え** 10722g

2 $320 \div 36 = 8$ あまり32
答え 8箱できて, 32こあまる。

3 ①$40 \times \square = \bigcirc$　②200　③9

4 $2.76 \div 6 = 0.46$　**答え** 0.46m

5 $1\frac{2}{5} - \frac{4}{5} = \frac{3}{5}$　**答え** $\frac{3}{5}$L

6 $700 \times 40 = 28000$　**答え** およそ28000m

7 $5 \times 15 + 8 \times 25 = 275$　**答え** 275人

8 $(50 + 80) \times 17 = 2210$　**答え** 2210円

9 $(510 - 90) \div 6 = 70$　**答え** 70円

51　しんだんテスト ③　101・102ページ

1 $325 \div 45 = 7$ あまり10　**答え** 8台

2 $3\frac{7}{9} + 1\frac{4}{9} = 5\frac{2}{9}$　**答え** $5\frac{2}{9}$kg

3 $18.2 \div 28 = 0.65$　**答え** 0.65m

4 ①$\square + 2.8 = \bigcirc$　②9.8　③5.2 L

5 $15 \times 33 - 24 = 471$　**答え** 471まい

6 7kg820g$= 7820$g,　$8000 \div 400 = 20$
答え およそ20まい

7 $34 - 28 = 6$,　$6 \div 2 = 3$　**答え** 3こ
〔または$34 + 28 = 62$, $62 \div 2 = 31$,
$34 - 31 = 3$〕

8 $75 - 15 = 60$,　$60 \div 2 = 30$
$30 + 15 = 45$
答え みなと：45わ　ももか：30わ

9 $1.36 \div 4 = 0.34$,　$0.34 \times 3 = 1.02$
答え 1.02m